Midjourney+
Stable Diffusion+
Photoshop

李楠楠 向文心 李灿 / 编著

平面设计

从新手到高手

清华大学出版社

北京

内 容 简 介

随着AI技术的普及，AI技术已经成为每个设计师必须掌握的基本技能。本书详细讲解AI在平面设计中具体应用的思路和方法，以帮助读者拓展设计思路，提升工作效率，为职业发展赋能。

全书共8章，首先介绍AI的基本知识，Midjourney和Stable Diffusion的基本用法，然后结合具体的案例，详细讲解AI在插画设计、电商设计、视觉设计、摄影与后期、建筑设计5大设计领域的具体应用方法。这些案例不仅为读者提供了多样化的设计思路和工作方法，还可以帮助读者提高工作效率，节省宝贵的时间成本。

本书可作为相关专业的教材及辅导用书，也可以作为相关领域工作人员以及设计爱好者的AI应用手册和操作指南。

图书在版编目 (CIP) 数据

Midjourney+Stable Diffusion+Photoshop 平面设计
从新手到高手 / 李楠楠 , 向文心 , 李灿编著 . -- 北京：
清华大学出版社 , 2024. 8. -- (从新手到高手).
ISBN 978-7-302-67159-6

Ⅰ. TP391.413

中国国家版本馆 CIP 数据核字第 2024Q5N213 号

责任编辑：陈绿春
封面设计：潘国文
版式设计：方加青
责任校对：胡伟民
责任印制：沈 露

出版发行：清华大学出版社
　　　　网　　址：https://www.tup.com.cn，https://www.wqxuetang.com
　　　　地　　址：北京清华大学学研大厦 A 座　　　　邮　　编：100084
　　　　社 总 机：010-83470000　　　　邮　　购：010-62786544
　　　　投稿与读者服务：010-62776969，c-service@tup.tsinghua.edu.cn
　　　　质 量 反 馈：010-62772015，zhiliang@tup.tsinghua.edu.cn
印 装 者：北京联兴盛业印刷股份有限公司
经　　销：全国新华书店
开　　本：188mm×260mm　　　印　　张：12.5　　　字　　数：435 千字
版　　次：2024 年 10 月第 1 版　　　印　　次：2024 年 10 月第 1 次印刷
定　　价：89.00 元

产品编号：104647-01

AIGC作为一种全新的技术，目前正在快速应用于各类领域，越来越多的设计师开始运用AIGC技术来改善自身的工作流程和提升工作效率。本书旨在探索AIGC与插画、电商、视觉、摄影与后期、建筑设计领域的结合应用，为设计师提供新的思路和方法，助力他们在这个充满变革的时代脱颖而出。

本书特色

本书以通俗易懂的文字，结合精美的创意实例，全面、深入地讲解AIGC在设计领域中的具体应用方法和思路。

8 章内容，全面精通 AI 设计

本书以AI绘图探索、Midjourney 基础认知、Stable Diffusion基础认知、插画设计、电商设计、视觉设计、摄影与后期、建筑设计8章篇幅展开详细解说，没有AI基础的读者，也能快速掌握AIGC工具的使用及其在设计中的应用思路和方法。

81 个实用案例，助你成为实操大师

本书精心安排了81个实用案例，深入剖析了AIGC在常见设计行业中的实际应用与操作方法。读者可以举一反三，将AIGC的应用方法拓展到更多的设计领域。

49 个视频讲解，让学习更为直观

为了更全面地提升读者的学习体验，配套了49个教学操作视频。教学视频精心录制，旨在帮助读者更深入地理解和操作，提升学习兴趣和效率。

适用人群

本书汇聚了各类行业的设计案例，旨在为读者提供一个全面而系统的学习参考。读者通过阅读本书，能够深入掌握AIGC的操作方式与核心理念，并将其巧妙地融入设计实践中，从而实现设计水平的显著提升与工作效率的跨越式进步。

本书适合美术以及设计专业的学生与相关工作人员，以及设计爱好者学习、参考。希望读者能通过本书，了解并掌握AIGC的原理，并熟练地应用到设计工作中。

学习方法

为了使读者在阅读过程中有更好的阅读体验，建议读者按章节顺序阅读。每一章内容都精心设计，以帮助读者循序渐进地了解和学习。同时，根据实际需要，读者可以在阅读过程中进行实际操作，这将有助于读者更深入地理解相关功能并提升实际应用能力。

配套资源及技术支持

　　本书配套资源请扫描下面的"配套资源"二维码进行下载。如果在配套资源的下载过程中碰到问题，请联系陈老师（chenlch@tup.tsinghua.edu.cn）。如果有任何技术性问题，请扫描下面的"技术支持"二维码，联系相关人员解决。

配套资源

技术支持

作者

2024年9月

CONTENTS 目 录

第1章 探索 AIGC 的奥秘与魅力

第2章 Midjourney 基础认知

第3章 Stable Diffusion 基础认知

第5章 AI 电商设计

第4章 AI 插画设计

第 7 章　AI 摄影与后期

第 6 章　AI 视觉设计

第8章 AI建筑设计

第 1 章
探索 AIGC 的奥秘与魅力

在数字时代，生成式人工智能（Artificial Intelligence Generated Content，AIGC）已逐渐渗透到各行业。将 AIGC 应用到设计领域，可以帮助设计师突破传统的创作方式，减轻设计工作强度，从而实现更高效、更富有创意的设计。

1.1
AIGC 简述

生成式人工智能是一种人工智能技术，利用机器学习算法生成模拟人类创意的作品，例如图片、视频、音乐、文本等，用户仅需输入简短的文字描述，便能轻松获得心仪的作品，从而极大地拓宽创意的边界。

生成式人工智能技术的核心思想是模仿人的创作过程，即采用深度学习模型对大量数据进行训练，使模型能够理解和生成具有形式美感、创新性和独特性的作品。这些模型通常由一系列神经网络架构组成，包括循环神经网络（RNNs）和生成对抗网络（GANs），它们被设计用来从给定的输入数据中学习规律和特征，然后利用这些知识和规律来预测和生成新的输出结果。

1.2
传统绘画与 AI 绘画

AI 绘画（Artificial Intelligence Painting）指的是应用人工智能技术生成绘画作品。

从原理上来说，现代 AI 绘画技术主要是通过神经网络大量学习艺术作品的风格和特征，然后将所学的元素和风格融合到新的作品中，从而创作出新的绘画作品。虽然目前很多 AI 绘画作品在细节上还存在瑕疵，但也有不少作品场景恢弘、刻画细腻，甚至超越了普通人类画师的水平。

在传统绘画中，创作者需要拿起画笔，在画板上一笔一画地绘制出创意和情感。可能需要根据光线、颜色和形状等因素，调整画笔和颜料，如图 1-1 所示，或者在电子屏幕上一笔一画地进行绘画创作。这个过程需要花费大量时间和精力，而且需要良好的绘画技巧和扎实的艺术理论基础。

AI 绘画的过程则完全不同，用户不再需要亲自拿起画笔，也不需要深厚的艺术背景知识。只需要告诉计算机，想要画什么样的画作，例如喜欢的风格、颜色、背景、人物等。然后，计算机便会根据描述自动创作出一幅画作，如图 1-2 所示。

图 1-1

图 1-2

1.3
AI 绘画软件

AI 绘画在 2022 年迎来了爆发，各种绘图软件如雨后春笋般层出不穷。其中属 Stable Diffusion 和 Midjourney 最突出，它们都使用了最新的扩散模型，能够生成十分精美的图像。在国外发展潮流的引领下，国内也出现了一系列 AI 绘画软件，它们在国外开源软件的基础上，增加了中文的支持，在易用性、简便性上做出了优化，降低了 AI 绘画使用的成本。

1.3.1　Stable Diffusion

Stable Diffusion 是 2022 年发布的一个从文本到图像的潜在扩散模型，由 CompVis、Stability AI 和 LAION 的研究人员和工程师创建，如图 1-3 所示。

相较于传统的深度学习模型，Stable Diffusion 具备许多独特的优势，使其成为艺术家和设计师青睐的选择。

图 1-3

Stable Diffusion 具有如下几个显著的特点。

1. 开源免费

像 Stable Diffusion 这样的行业龙头，为了吸引大量的开发者，将模型最大程度地使用起来，采取了开源的模式。开源免费就是完全免费，不限次数，任何人都可以使用，这样的好处就是没有软件使用成本，同时商用成本也低，开源社区会共同完善模型文档，一起解决技术难题，从而使代码的迭代速度加快，优化效率远远高于闭源系统。开源之后，社群广阔，不易出现无法解决的问题。缺点就是商业化不够直接。

2. 本地部署

Stable Diffusion 的数据可以在本地进行部署，无须联网，从而提供极高的安全性。用户可以将数据存储在本地服务器上，不必依赖于外部网络连接。这种本地部署的方式提供了更好的隐私保护和数据安全。

3. 高度拓展性

Stable Diffusion 具有高度拓展性，使用户可以根据自己的需求对软件进行自定义修改。用户可以自行安装插件来扩展软件的功能。这种灵活性允许用户根据自身行业需求定制软件的细节，以满足特定的要求。

最重要的是，Stable Diffusion 可以根据用户行业需求进行定制化，使其适应各种不同的应用场景。

1.3.2 Midjourney

与 Stable Diffusion 相反，Midjourney 是一款付费且闭源的 AI 绘画软件，如图 1-4 所示。它于 2022 年 3 月面世，创始人是 David Holz。Midjourney 并没有以 APP 或者网站的形式提供服务，而是将服务搭载在 Discord 频道上，用户可以进入 Discord 的 Midjourney 服务器选择一个频道，然后在聊天框里调用 "/imagine" 命令，指示聊天机器人生成图片，如 Midjourney 的最新模型拥有更多关于生物、地点、物体等知识，它更擅长正确处理小细节，并且可以处理包含多个角色或对象的复杂提示，如图 1-5 所示。Midjourney 所有的功能都是通过调用聊天机器人程序实现的。对于大多数人来说，这是一种新奇的体验。

图 1-4

图 1-5

Midjourney 一直在努力改进其算法，每隔几个月就会发布新的模型版本。

1. Midjourney 的优势

专注于模型迭代：Midjourney 是闭源的并且已经盈利了，未来会有足够的现金流支撑它的研发。另外在竞争的初期保持闭源，能够保持自己的竞争优势，从而将注意力更多地花在产品的改进和提升上。

图片质量高：目前看，Midjourney 制作的图片质量都比较高，它的水平下限比 Stable Diffusion 高不少。另外工具软件也相对简洁、易用，相比庞杂的 Stable Diffusion 来看，轻便许多。

产品特性强：Midjourney 团队不断致力于优化产品体验，他们的目标是将 Midjourney 打造成一个庞大的、精致的、易用的、高效的基础设施。

2. Midjourney 的缺点

使用成本高：Midjourney 是付费应用，每生成一张图，都会消耗对应的积分，为了获得满意的图片，用户往往需要进行多次修改和调整，这带来了昂贵的使用成本。

画面控制能力不足：目前，Midjourney 无法像 Stable Diffusion 那样，允许用户通过 ControlNet 插件对画面的构图、人物的动作甚至表情进行干预。用户可以通过设置参考图的方式来影响图片生成，但可控性不强。

无法使用自定义的插件或模型：在 Midjourney 中用户无法训练并使用自己的模型，用户无法自由探索创作的边界，也没有足够多的第三方插件供用户选择使用。

1.3.3 国内 AI 绘画产品

在国外 AI 绘画大火的同时，国内一些厂商及团队也推出了自己的 AI 服务，主要分为两类，一类是大厂自己研发的模型，如百度的文心一格；另外一类则是基于 Stable Diffusion 模型，重新做了一套 UI 界面，优化一些操作，降低使用难度，向用户提供更为便捷、简单的 AI 服务。

就目前来看，这些产品的同质化比较严重，还处于跟进 Stable Diffusion 的开源技术演进、同步模型社区的流行画风的阶段。接下来介绍 3 种国内 AI 绘画产品。

1. 百度飞桨——文心一格

文心一格是由百度发布的中文作画 AI，如对画风的分类，相当于简化了 prompt，简单易上手，AI 编辑部分则提供一些高阶的图像编辑用法，例如图片叠加、涂抹编辑（inpaint），如图 1-6 所示，它基于百度大模型能力的 AI 艺术，支持中文描述，使用需要积分，风格独特鲜明，人物的出图效果一般，但是场景的出图效果相对惊艳。

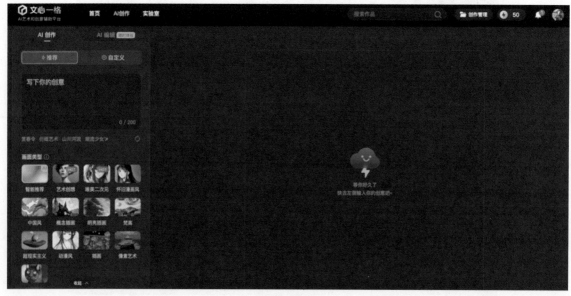

图 1-6

值得一提的是，在生成 AI 图片的同时，也会生成几张商品的实物渲染图，如图 1-7 所示。文心一格在发展 AI 绘画的同时也在尝试 AI 绘画的商业化应用。

图 1-7

2. 无界 AI

无界 AI 也是国内出现较早的一款 AI 绘画程序，如图 1-8 所示，它对风格和模型进行了较为详细的分类，不同的模型对应不同领域的应用场景，多变的风格则提供给用户选择的空间。

图 1-8

使用起来也简单易上手，写上基础的内容描述即可。应用的目标也很明确，现阶段图片的使用场景是头像、壁纸、文章配图、社交媒体配图、宣传海报等。

AI 实验室部分则提供了一些控制图片生成的工具，这与 Stable Diffusion 中的 ControlNet 插件用法基本一致，如图 1-9 所示。

图 1-9

3. Vega AI

　　VegaAI 也是一款以 Stable Diffusion 开源模型为基础，经过产品化设计定制而成的 AI 绘图程序，绘画界面如图 1-10 所示。与无界 AI 不同，它将产品重点放在了用户个人的模型训练以及模型生态的建设上。

　　除了基本的图片生成功能外，它附加了"风格定制"以及"风格广场"两大板块，用户除了生成自己喜欢的图片，也可以选择训练出自己的风格。风格可以在"风格广场"中展示，以获得别人的关注和使用。

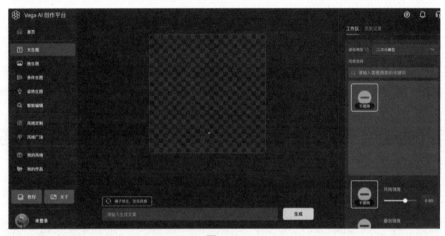

图 1-10

　　显然，这种模式随着用户的增多，优质的风格模型也会越来越多，可以在"风格广场"页面欣赏和观摩大家上传的风格样式，如图 1-11 所示，平台提供工具，用户众创形成社区，内容也会逐步丰富和细化。

图 1-11

1.4
探寻人工智能在设计领域的优势

目前，人工智能绘画技术的突破主要体现在两方面：一方面是扩散生成模型被引入人工智能绘画领域，极大提升了创作效果，使人工智能绘画不再只是"抽象派"，而是可以生成各种艺术风格；另一方面是知识增强被引入人工智能绘画技术中，使模型能够更好地遵循人的需求指令，完成精细、可控的画作。这使得AI绘画可以应用到许多领域。

人工智能领域不仅能够进行绘画，还能够辅助进行设计初期的调研分析，如ChatGPT和文心一言等软件，通过对话我们可以获得更多的设计需求和痛点，分析出市场趋势，为设计提供灵感。

1.4.1 创意灵感加速器

AI绘画工具如Midjourney等，通过收集并分析大量的视觉资料和文本信息，为设计师提供灵感加速器。设计师可以轻松获取各种创意参考和概念稿，极大地缩短创作周期，让创意从头脑中迅速进发。

1.4.2 高效完成图片处理

随着AI绘画技术的不断进步，AI图像处理工具使得设计师在处理图片时更加高效。例如AI绘画能够完成快速抠图、布局元素、替换素材等任务，如图1-12所示，让设计师从烦琐的技术操作中解放出来，专注于创意的构思和设计的精进。

图 1-12

1.4.3 设计优化与迭代

人工智能AI可以分析设计作品的优点，为设计师提供反馈和改进建议。通过持续优化和迭代，设计师可以改进出更精妙的作品，提升设计质量和用户体验。

1.4.4 数据驱动设计

人工智能AI能够通过大数据分析用户行为和喜好，为设计师提供便于调查的数据支持。在设计过程中，合理运用数据驱动设计，可以更准确地满足用户需求，增加设计作品的成功率。

1.4.5 个性化创作

AI工具为设计师提供了个性化创作的可能性。通过定制化的AI算法和工具，设计师可以更好地满足不同客户和用户的个性化需求，创作出更具个性化特色的设计作品。

第 2 章
Midjourney 基础认知

Midjourney 是一款由同名研究实验室开发的人工智能程序，自 2022 年 7 月 12 日起公开测试。通过运用最新的 AI 技术，Midjourney 能根据用户输入的自然语言描述自动生成图片，这意味着用户无须具备任何艺术天赋或绘画技巧，只需简单地输入一段文字描述，它便能创作出令人惊叹的图像。本章将介绍 Midjourney 的注册与使用方法。

2.1
注册 Discord 账号

Midjourney 是搭建在 Discord 聊天软件中运行的，所以用户需要先注册 Discord 账号，通过 Discord 登录 Midjourney。

2.1.1　Discord 账号注册

01 打开Discord官网，单击右上角的Login（注册）按钮，如图2-1所示。

图 2-1

02 执行操作后进入登录页面，如图2-2所示，输入相应的电子邮箱地址（或电话号码）、密码，完成后单击"登录"按钮即可。没有账号的用户可以单击左下角的"注册"按钮，注册一个新的账号。

图 2-2

03 单击"注册"按钮后会进入"创建一个账号"页面，如图2-3所示，输入相应的电子邮件、用户名、密码、出生日期，并单击"继续"按钮，根据提示进行操作，即可注册Discord账号。

图 2-3

2.1.2 创建 Discord 服务区

在默认情况下，用户进入 Midjourney 频道主页后使用的是公用服务器，操作起来非常不方便，一起参与绘画的人非常多，这会导致用户很难找到自己的绘画作品。下面介绍创建 Midjourney 服务区的操作方法。

01 注册Discord账号后会弹出一个对话框，如图2-4所示，单击"亲自创建"按钮，在弹出的对话框中单击"仅供我和我的朋友使用"按钮，如图2-5所示。

图 2-4

图 2-5

02 执行完上述操作后将弹出"自定义您的服务器"对话框，输入服务器名称，单击"创建"按钮，如图2-6所示。

03 执行完以上操作后即可创建成功属于自己的Midjourney服务器，如图2-7所示。

图 2-6

图 2-7

2.2 在 Discord 中添加绘图机器人

注册成功服务区后，需要将绘图机器人放入个人创建的服务器中，方便绘图操作。

2.2.1 添加 Midjourney Bot

用户可以通过 Discord 平台与 Midjourney Bot 进行交互，然后提交提示词快速获得所需的图像。Midjourney Bot 是一个用于帮助用户完成各种绘画任务的机器人。下面介绍添加 Midjourney Bot 的方法。

01 单击左上角的Discord 图标按钮，再单击"寻找或开始新的对话"文本框，如图2-8所示。

02 在文本框中输入"Midjourney Bot"，找到相应的选项并按Enter键，如图2-9所示。

图 2-8

图 2-9

03 进入"Midjourney Bot"页面后，找到Midjourney Bot的图标 并右击，在弹出的快捷键菜单中选择"个人资料"选项，如图2-10所示。

04 在弹出的对话框中单击"添加至服务器"按钮，如图2-11所示。

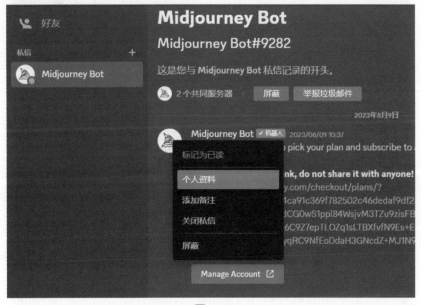

图 2-10

图 2-11

05 执行操作后弹出"外部应用程序"对话框，在"添加至服务器"中选择刚才创建的服务器，并单击"继续"按钮，如图2-12所示。

06 执行操作后确认Midjourney Bot在该服务器上的权限，并单击"授权"按钮，如图2-13所示。

图 2-12   图 2-13

07 进行"我是人类"的验证，此时会自动弹出验证码界面，按照提示进行验证完成授权，授权成功之后，即可成功将Midjourney Bot绘画机器人添加至自己的服务器内，如图2-14所示。

图 2-14

2.2.2　添加 Niji journey Bot

Niji 模型由 Midjourney 和 Spell brush 合作开发，经过特定的调整，擅长生成具有二次元动漫风格和美学特点的作品，它在动态和动作镜头以及以人物为中心的构图方面表现出色。下面介绍添加 Niji journey Bot 的方法。

01 单击"探索可发现的服务器"图标 ，如图2-15所示，跳转到新的页面。

图 2-15

02 在文本框中输入"niji journey"，并按Enter键，如图2-16所示。

图 2-16

03 找到 "niji journey" 后单击图标进入社区，如图2-17所示。

图 2-17

04 在面板的右上角单击 "显示成员名单" 按钮🧑，单击Niji journey Bot的头像🛥，如图2-18所示。

05 在弹出的对话框中单击 "添加至服务器" 按钮，如图2-19所示。

图 2-18

图 2-19

06 执行操作后将弹出 "外部应用程序" 对话框，在 "添加至服务器" 中选择个人创建的服务器，并单击 "继续" 按钮，如图2-20所示。

07 执行操作后确认Niji journey Bot在该服务器上的权限，并单击 "授权" 按钮，如图2-21所示。

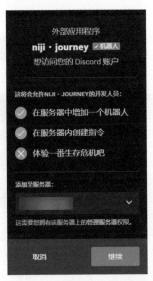

图 2-20　　　　　　　　　　　　　　　　　图 2-21

08 进行"我是人类"的验证，此时会自动弹出验证码界面，按照提示进行验证完成授权，授权成功之后，即可成功将Niji journey Bot绘画机器人添加至自己的服务器内，如图2-22所示。

图 2-22

2.3
了解与使用

本节将深入了解 Midjourney 是如何出图、付费订阅和图片权益的，以确保用户在掌握其基本运作原理后，能够更加自如地进行绘画创作。

2.3.1　出图的基本方式

在 Midjourney 的使用中，绘图命令"/imagine"无疑是最基本也是最重要的命令，在对话框中输入用户想生成的绘画的英文提示词，并按 Enter 键，Midjourney 就会根据用户输入的文本生成图片。

注意：Midjourney 目前还只能理解英文，因此输入的提示词（prompt）也需要使用英文。

01 进入自己的服务器中，单击聊天框"给常规#发消息"并输入"/"符号，左侧会出现Midjourney Bot和Niji journey Bot的图标，可随意进行切换，如图2-23所示。

图 2-23

02 在聊天框中输入"/imagine"指令后按Enter键，会提示输入生成图片的提示词（prompt），如图2-24所示，在prompt后输入英文提示词并按Enter键，即可生成相应的图片。

图 2-24

2.3.2 付费和订阅

使用 Midjourney 绘画是需要进行付费的，如何付费和订阅具体如下。

01 在Midjourney界面的对话框中输入"/subscribe"指令，如图2-25所示，单击"/subscribe"指令，按Enter键，并单击"Manage Account"按钮进入订阅计划界面，如图2-26所示。

图 2-25

图 2-26

02 弹出的订阅计划界面如图2-27所示，在显示的页面中"Yearly Billing"是年度会员，"Monthly billing"是月度会员，下面分别为基础版（Basic Plan）、标准版（Standard Plan）、专业版（Pro Plan）、至尊版（Mega Plan）。各套餐绘图的算法和功能是一样的，区别主要在于可以使用的 GPU 时间等权益上。

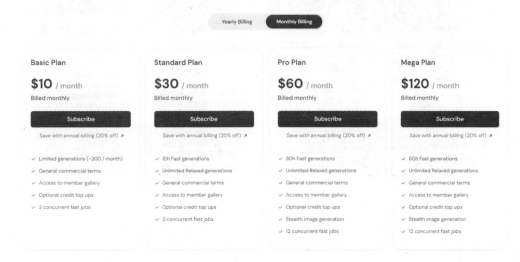

图 2-27

2.3.3　图片权益

一个大家都很关心的问题是，使用 Midjourney 生成的图片属于谁，以及是否可以用于商业目的？

Midjourney 官网上有对这个问题的详细说明。简单来说，免费用户生成的图片不属于自己，使用时要注明来源（来自 Midjourney），且不可商用；付费用户（包括基础版、标准版、专业版用户）生成的图片属于自己，可用作任何用途，包括商用。

2.4
多种出图方式

Midjourney 绘画方式非常简单，主要取决于用户使用的提示词，但是要创作独特、让人印象深刻的绘画作品需要不断地尝试和探索。本节讲解 Midjourney 的基本绘画方式，帮助大家快速掌握。

2.4.1　文生图

Midjourney 主要使用文本指令和提示词来完成绘画，提示词可以非常简洁，甚至一个单词或表情符号就足以生成图片。然而，如果提示词过于简短，Midjourney 将按照默认风格自动填充。为了让生成的图片具有更多个性化的风格特征，用户可能需要输入更详细的提示词来描述所期望的内容。

Midjourney 每次生成的图片会有一些随机变化，即使两次绘画中使用了相同的提示词，生成的图片也会不同。

图 2-28 所示是使用 Midjourney 输入同样的提示词，两次生成的效果图片：A beautiful girl in cyberpunk clothes walks on the roof, against the backdrop of the city, she is holding modern bow in hand, highly detailed drawing（身着赛博朋克服装的美丽女孩走在屋顶上，以城市为背景，她手持现代弓，高精细绘图）。

图 2-28

另外，提示词也不是越长越好，在大多情况下，更准确且具体的提示词会带来更好的效果，过长的提示词往往会导致主题偏离。尽量使用简洁明了的单词，突出核心概念，以增强每个单词的影响力。

在没有明确方向时，模糊表述可能带来意外收获，缺失的描述将随机生成，你可以从中获取灵感，然后进一步优化提示词。这个过程就像一位工匠，不断修改、调整、打磨自己的作品，使它逐渐趋近完美。

需要注意的是，目前 Midjourney 的提示词还只支持英文，如果输入其他语言，它不会报错，但绘画的结果将难以预料。具体用法如图 2-29 所示。

图 2-29

01 在"/imagine"指令中输入一句提示词：A cute kitten（一只可爱的小猫），如图2-30所示。

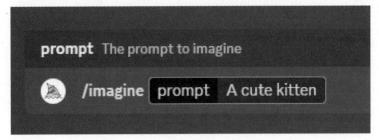

图 2-30

02 按Enter键，Midjourney 将会根据提示词返回类似图2-31所示的4张图片。

图 2-31

2.4.2 图生图

图生图是指使用参考图的构图、风格及造型去生成自己的图片。

这种方式可以减少使用很多的提示词，例如可以用线稿生成一幅完整的画，或者使用照片作为参考生成一幅相似的画，所以，在使用图生图的方式生成图像时，可以使用照片素材、自己以往的绘画作品、自己生成比较好的图像，以生成更好的图像。具体用法如图 2-32 所示。

图 2-32

01 选择一张素材参考图片，如图2-33所示。

图 2-33

02 启动Discord，在Midjourney面板中单击聊天框中的➕按钮，双击"上传文件"按钮，并找到素材文件进行上传，如图2-34所示。

03 上传素材文件后，按Enter键进行发送，如图2-35所示，右击发送好的图片，并在弹出的快捷菜单中选择"复制链接"选项，如图2-36所示。

| 图 2-34 | 图 2-35 | 图 2-36 |

04 在Midjourney中通过"/imagine"指令输入相应的提示词：https://s.mj.run/cajylAcAE-g Cartoon girl with black hair and big eyes happily drinking a drink, 8k, --iw 2（素材链接，黑色头发，开心喝饮料的大眼睛卡通女孩，8K的清晰效果），如图2-37所示。最终生成效果如图2-38所示。

图 2-37

要点：--iw：Midjourney 的图像权重参数；"无 iw 参数"：默认 20% 图像、80% 文字图像；"--iw 1"：表示 50% 图像、50 文字描述；"--iw 2"：表示 67% 图像、33% 文字描述。

图 2-38

2.4.3 图图结合

图图结合是指使用两张参考图片去生成一张图。

融合命令（/blend）可将多张图片融合为一张新图，功能与在"/imagine"命令中使用多张提示图的效果相同，但无须添加提示文本或参数。它的界面经过优化，操作直观简便，无论在移动设备还是桌面设备上都能方便地使用，但是使用"/blend"指令时不能添加其他额外的提示词，随意调整的空间不大。

01 选择两张素材图片，如图2-39所示。

图 2-39

02 在Midjourney面板中单击聊天框输入"/blend"指令，选择其中一个机器人，这里选择"Midjourney Bot"，如图2-40所示。

图 2-40

03 单击"上传"按钮，找到素材文件并上传后按Enter键发送，如图2-41所示。最终生成效果如图2-42所示。

图 2-41

图 2-42

2.5
绘画命令

本节将正式介绍 Midjourney 最基本也最为核心的绘画命令，带领大家深入探索其核心精髓。

2.5.1 放大和微调图像

在生成的 4 张图像下方，会出现一些按钮，如图 2-43 所示。

图 2-43

这些按钮按功能可以分为三组，分别为 U1 ～ U4 按钮，V1 ～ V4 按钮，以及一个 回 按钮。这三组按钮的含义如下。

- U1 ～ U4 按钮：放大指定编号的小图。
- V1 ～ V4 按钮：以指定编号的图为基础，做一些变化，生成 4 张新图。
- 回按钮：根据当前提示词重新生成 4 张新图。
- 其中四个小图按从上到下，从左到右的顺序，分别编号为 1、2、3、4。

如果对生成出的某张图比较满意，可以单击 U1 ～ U4 中对应的按钮将它生成大图。如果觉得某张图已经比较接近用户想要的效果，但还想再微调一下，那么可以单击 V1 ～ V4 中对应的按钮，以这张图为基础再生成 4 张图。需要注意的是，新图的变化是随机的，有可能变得更好，也有可能比上一版图效果更差。

2.5.2 调整图像变化

单击 U 按钮放大某一张图像后，在图像下方还有一些按钮，如图 2-44 所示。

图 2-44

这些按钮按功能同样分为三组，最上面一排按钮的含义如下。
- Very（Strong）：强变化，单击生成 4 张更有创意的图片。
- Very（Subtle）：弱变化，单击生成 4 张局部微调的图片。
- Very（Region）：局部变化，选中局部，可以添加提示词，修改需要变化的部位。

我们来看一个具体的例子，下面图片分别使用了 Very（Strong）、Very（Subtle）、Very（Region）按钮，图 2-45 所示为原图，图 2-46 所示使用了 Very（Strong），图 2-47 所示使用了 Very（Subtle），图 2-48 所示使用了 Very（Region）。

图 2-45

图 2-46

图 2-47

图 2-48

2.5.3 拓展图像

后面两排按钮都为图片拓展的功能，Zoom out 按钮的含义如下。

- Zoom out 2x：2 倍变焦，在图片边缘填充 2 倍的内容。
- Zoom out 1.5x：1.5 倍变焦，在图片边缘填充 1.5 倍的内容。
- Custom Zoom：自定义变焦，可以自定义变焦倍数，也可以重新调整图片的比例。

我们来看一个具体的例子，下面图片使用了"Zoom out 2x"按钮，图 2-49 和图 2-50 所示分别为拓展前后的效果。

图 2-49

图 2-50

第三排箭头按钮的含义如下。

- ⬅：向左平移拓展图像。
- ➡：向右平移拓展图像。
- ⬆：向上平移拓展图像。
- ⬇：向下平移拓展图像。

单击箭头方向，它将向该方向拓展图像，图 2-51 所示为原图，图 2-52 ～图 2-54 所示分别为向左、向右和向上拓展图像的效果。

图 2-51

图 2-52

图 2-53

图 2-54

2.5.4 模型版本

Midjourney 自发布以来，每隔一段时间就会推出新的模型版本，现在最新的版本已经是 V6 版。不过，在推出新版本后，Midjourney 并没有将老版本下线，用户在绘图时可以通过 "--v" 参数指定模型版本，也可以在设置界面手动指定默认使用的版本，如图 2-55 所示。

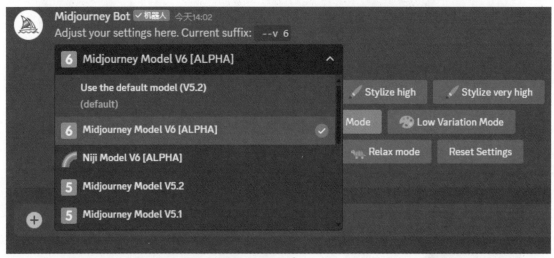

图 2-55

以当前标准来看，模型版本 V1、V2 和 V3 生成的图片相对简单，基本上无法满足实际应用的需求，目前 Midjourney 的发展速度很快，V4 版本的画面构图和质感已经基本达到实用水平，V5.2 版本画面更加精致，细节处理更为完善，很多时候已经能生成接近完美的视觉效果。在最新版本的 V6 中，生成的图片细节表情等更加生动丰富，能够绘制出复杂的场景图，质感也得到了加强，此外，最新版本在理解提示词方面的能力也更强，用户可以使用更短的提示词来生成更贴近描述的理想画面，减少长篇大论的不必要的描述。

Niji journey 的最新版本同样为 V6，如图 2-56 所示。

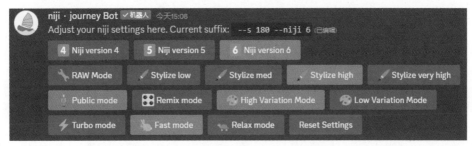

图 2-56

同样最新的 V6 版本比以往版本更加关注细节，模型的升级使画面色彩更加精致，细节更加丰富，有更强的光影，也弱化了日系风格。使用同一关键词不同模型生成的图片对比，图 2-57 所示为 V5 模型生成的图像，图 2-58 所示为 V6 模型生成的图像。

图 2-57

图 2-58

2.6
Midjourney 绘图常用参数

在生成图片时，除了提示词以外，还有很多可选参数，通过这些参数，可以指定图像的宽高比、模型版本、更改图片风格等，如图 2-59 所示。

图 2-59

如图 2-60 所示，参数一般添加到提示词的末尾，多个参数之间使用空格分隔。一些系统可能会自动将两个连续的连字符（--）替换为破折号（—），不用担心，Midjourney 两种符号都可识别。

图 2-60

2.6.1 Aspect Ratios（纵横比）

纵横比是如 1:2、2:3 这样的表达式，前后两个数字分别代表图片的宽和高的比例。如果不指定，默认为 1:1，即生成正方形的图像。

Midjourney 各模型版本所支持的纵横比范围有所不同，V4 版本的纵横比范围为 1:2 ～ 2:1，而 Niji V5 模型以及 Midjourney V5 及之后的版本取消了对纵横比的限制，值可以是任意整数。纵横比会影响生成图像的形状和内容结构。在使用图片放大功能（Upscale）时，部分纵横比可能会稍有变动。

参数格式：--aspect <宽 : 高 >（或简写为：--ar <宽 : 高 >）。

用法示例：vibrant california poppies --ar 5:4。

常见纵横比如下（如图 2-61 所示）。

- 1:1：默认纵横比，方形。
- 5:4：常见于框架和打印比例。
- 3:2：常见于印刷摄影。
- 7:4：常见于高清电视屏幕或智能手机屏幕。

图 2-61

2.6.2 Chaos（混乱度）

Chaos 参数决定生成图片的变化程度。数值越高，生成的 4 张图片风格和构图差异就越大，可能产生意想不到的组合结果；数值越低，4 张图片的风格和构图上的差别就越小，生成的图片之间具有更多相似性。

参数格式：--chaos <值 >（或简写为 --c <值 >）。

数值范围：0 ～ 100（默认值为 0）。

用法示例：watermelon owl hybrid --c 50。

下面我们来看几个具体的例子。

1. 低 Chaos 值

提示词（省略 --chaos 参数，默认为 0）：watermelon owl hybrid（西瓜猫头鹰杂交品种），如图 2-62 所示。

图 2-62

2. 高 Chaos 值

提示词：watermelon owl hybrid --c 50（西瓜猫头鹰杂交品种），如图 2-63 所示。

图 2-63

3. 非常高的 Chaos 值

提示词：watermelon owl hybrid --c 100（西瓜猫头鹰杂交品种），如图 2-64 所示。

图 2-64

可以看到，Chaos 值越高，生成图片的变化越丰富。在尚未确定设计方案，需要寻找灵感时，可以指定较高的 Chaos 值，以产生更多变化。若方案已基本确定，需要开始收敛，则可以将 Chaos 值设定得较低或省略（使用默认值 0），以便让生成图片的风格相近。

2.6.3 No（排除）

有时，在生成图片时会希望生成的图片中不要出现指定的元素，这时就可以使用"--no"参数。

参数格式：--no <某物 >。

"--no"参数的使用很简单，直接在后面跟随不想要的元素即可，例如生成一张蛋糕图片，如图 2-65 所示，但不希望有生日蜡烛，就可以尝试在提示词末尾添加"--no candles"，效果如图 2-66 所示。

图 2-65

图 2-66

图 2-65 和图 2-66 中生日蛋糕是由相同的提示词生成的，提示词：A birthday cake, clean background（生日蛋糕，干净的背景），不同之处是一张图没有添加"--no"参数，另一张则添加了"--no candles"参数。

2.6.4　Seed（种子值）

在生成图片时可能会注意到，在输入提示词后，生成的图像最初非常模糊，随后逐渐变得清晰，这是因为 Midjourney 机器人利用种子值创建视觉噪声场（类似于电视无信号时的雪花点画面）作为生成初始图像网格的起始点，然后再逐步生成图像。

Seed 是 Midjourney 图像生成的初始点，默认情况下每次绘画的种子值是随机生成的，如果指定 Seed 参数的值，那么在相同的种子值和提示词下会产生相似或者几乎相同的画面，利用这点可以生成连贯一致的人物形象或者场景。

参数格式：--seed＜数值＞。

数值范围：0 ～ 4294967295 的整数。

来看一组例子，使用同一提示词"celadon owl pitcher"（青瓷猫头鹰壶）以及随机种子运行 3 次，结果如图 2-67 所示。

图 2-67

添加"--seed 123"参数运行两次作业，结果是一样的，分别如图 2-68 和图 2-69 所示。

图 2-68　　　　　　　　　　　　　　　　　　　图 2-69

在生成出一组优秀的图片，想要记录 Seed 值以便分享或将来再次生成时，是否有办法知道具体的 Seed 值呢？答案是肯定的。只需按照以下步骤操作，便可获取指定图像生成过程中的 Seed 值。

01 在生成连续的 4 张图像之后，单击图像右上角的笑脸符号，如图2-70所示。

02 在弹出的窗口内搜索 envelope，并单击第一个信封图标，如图2-71所示。

图 2-70

图 2-71

03 Midjourney 机器人会发送一条私信。打开私信，即可看到本次生成所使用的 Seed 值，如图2-72所示。

图 2-72

复制 Seed 值（一串数字），作为下次指令中的"--Seed"参数，即可获得相同的图像结果。

2.6.5 Stop（停止渲染）

Stop 参数可以让图像在渲染过程中止在某一步，直接出图。如果不进行任何 Stop 参数设置，得到的图像是完成整个渲染过程的，比较清晰的。渲染过程的生成步数为 100，以此类推，生成的步数越少，停止渲染的时间就越早，生成的图像也就越模糊。

参数格式：--stop <数值>。

其中数值的范围为 1 ～ 100，例如使用提示词"splatter art painting of acorns --stop 90"（橡子的溅射艺术画），图片将在 90% 进度时停止渲染。

图 2-73（--stop 10）、 图 2-74（--stop 20）、 图 2-75（--stop 30）、 图 2-76（--stop 40）、 图 2-77（--stop 50）、 图 2-78（--stop 60）、 图 2-79（--stop 70）、 图 2-80（--stop 80）、 图 2-81（--stop 90）、 图 2-82（--stop 100）所示是具体的效果示例。

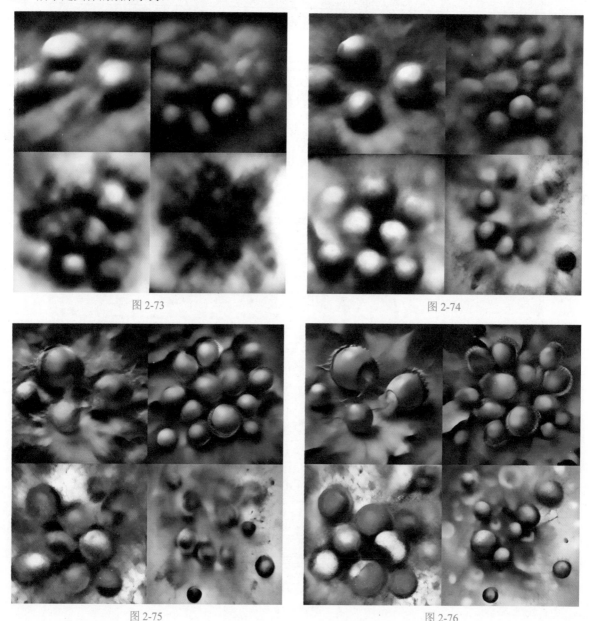

图 2-73　　　　　　　　　　　　　　　图 2-74

图 2-75　　　　　　　　　　　　　　　图 2-76

图 2-77

图 2-78

图 2-79

图 2-80

图 2-81

图 2-82

可以看到，渲染过程中图片从模糊到逐渐清晰，使用"--stop"参数，让渲染停止在指定的百分比。

使用 Stop 参数停止渲染的图可以进行放大（单击 U1 ～ U4 按钮），且 Stop 参数的效果不会影响放大过程。不过，中途停止会产生更柔和、更缺乏细节的初始图像，这将影响最终放大结果中的细节水平。图 2-83（--stop 20）、图 2-84（--stop 80）、图 2-85（--stop 90）、图 2-86（--stop 100）所示是不同 Stop 参数的图像及其放大后的效果示例。

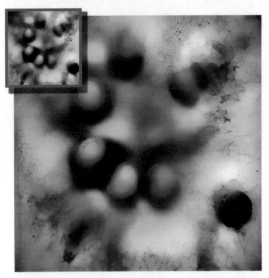

图 2-83

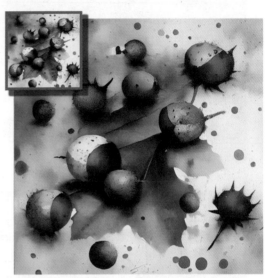

图 2-84

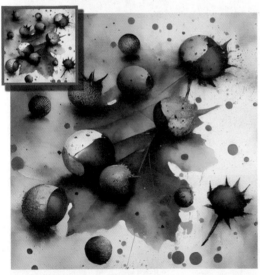

图 2-85

图 2-86

2.6.6　Stylize（风格化）

Stylize 的值表示生成图片的创造力、艺术色彩表现力、构图以及风格，数值越大，赋予 AI 的发挥空间越广泛。

参数格式：--stylize <数值>（或简写为 --s <数值>）。

数值范围：1 ～ 1000。

默认数值：100。

不同的 Midjourney 模型版本支持的风格化范围不同，在 V4、V5、V5.1、V5.2、V6 版本中默认值为100，数值范围为 0 ～ 1000。Niji 模型暂不支持此参数。

Stylize 有两种使用方式，可以在提示词末尾添加"--stylize"参数，也可以输入"/settings"命令并从菜单中选择自己喜欢的风格化值，如图 2-87 所示。

图 2-87

具体示例如下。

1. V4 模型版本

图 2-88（--stylize 50）、图 2-89（--stylize 100）（默认值）、图 2-90（--stylize 250）、图 2-91（--stylize 750）所示提示词的主体部分都是 illustrated figs（无花果插图），只是"--stylize"参数的值不同。

图 2-88

图 2-89

图 2-90

图 2-91

2. V5.2 模型版本

图 2-92（--stylize 0）、图 2-93（--stylize 50）、图 2-94（--stylize 100）（默认值）、图 2-95（--stylize 250）、图 2-96（--stylize 750）、图 2-97（--stylize 1000）所示提示词的主体部分都是"colorful risograph of a fig"（彩色的无花果里索图），只是"--stylize"参数的值不同。

图 2-92

图 2-93

图 2-94

图 2-95

图 2-96

图 2-97

2.6.7　Tile（平铺）

在壁纸、布料印花、包装图案、花砖图案等设计场景中，会经常需要可用于平铺的图案，这类图案的边缘部分需要特殊处理，以便在拼接时实现平滑过渡。虽然可以通过手绘或软件处理来创建这类图案，但在 Midjourney 中生成平铺图案非常简便，在提示词末尾直接添加"--tile"参数即可。

"--tile"参数在 V4 版本和 Niji 模式下无效。

如图 2-98（未添加）、图 2-99（添加"--tile"效果）、图 2-100（添加"--tile"效果）、图 2-101（添加"--tile"效果）所示分别演示了" --tile"参数的效果。

图 2-98

图 2-99

图 2-100

图 2-101

第3章
Stable Diffusion 基础认知

本章主要针对 Stable Diffusion 绘画软件进行介绍，详细说明其安装和使用方法。读者将学会使用 Stable Diffusion 实现以文生图、以图生图、图像编辑等基本能力，并通过调整详细参数，控制生成图像的质量，达成绘画和设计的目标。

3.1
Stable Diffusion 的安装和配置

Stable Diffusion 是由 Stability AI 公司和 CompVis 共同创建的一种生成式图像模型。软件目前为开源状态，代码和模型均可免费使用，需要在本地计算机或者服务器搭建，对硬件具有一定要求。由于 Stable Diffusion 并不是一款商业软件，所以对于使用者而言，简易形方面不如商业软件 Midjourney，安装和配置较为烦琐，同时也需要读者花费更多的工夫学习。从另一方面而言，Stable Diffusion 自由度更高，能满足更多的定制化需求，也拥有更多的社区免费资源可以使用。因此，多花费一些耐心来学习和使用 Stable Diffusion 是十分有必要的。

3.1.1 配置要求

硬件要求：基本需求是一台配备独立显卡（GPU）的计算机，显存最好大于 6GB。推荐显卡类型为 NVIDIA 系列显卡、例如 GTX-1080Ti、RTX-2080、RTX-2090、RTX-3060 等。AMD 显卡也可以，但安装时步骤会略有差别。macOS 系列计算机不带 GPU，运行时需要使用到苹果的专属芯片 M1/M2 代替 GPU，虽然苹果已经专门针对大火的 Stable Diffusion 进行了优化，但运行时间依然可能是 GPU 的 10 倍以上。

软件要求：系统首选 Windows 系统或 Linux 系统（Ubuntu/RedHat/Centos），由于 macOS 不带 GPU，所以不推荐使用 macOS；除此之外，源代码运行是基于 Python 的，所以也需要用到 Python 以及相关的软件包，例如 pytorch、cuda 等。这些软件要求已经写到自动安装的脚本中，在安装时一键运行即可，用户唯一要确认的就是自己对应的操作系统。

推荐软硬件配置如表 3-1 所示。

表 3-1　Stable Diffusion 推荐软硬件配置

	推荐配置
显卡（GPU）	RTX 3060Ti
内存（RAM）	16 GB
硬盘空间	>30 GB
CPU	Intel i5
操作系统	Windows 10 / Ubuntu 18.04

3.1.2 安装软件

下面针对不同的操作系统和配置，分别介绍如何安装和配置 Stable Diffusion，读者可根据自己的情况选择性阅读对应的部分。如安装出现问题，可阅读安装常见问题。推荐无程序使用经验的读者选择 Windows +

NVIDIA 显卡 + 稳定版本的安装方式，有了更多定制化需求后，可以选择 Windows + NVIDIA 显卡 + 最新版本的安装方式，享受最新更新的一些功能。

1. Windows 10 + NVIDIA 显卡 + 稳定版本

01 下载稳定包，登录网站，如图3-1所示，在官网中下载稳定版本安装包"sd.webui.zip"，并进行解压。

图 3-1

02 双击"run.bat"完成安装，注意运行时不要关闭黑框终端。

03 等待上述步骤结束，完成安装。打开浏览器，输入命令行显示的地址，即可打开软件，默认地址一般为"127.0.0.1:7860"。

2. Windows 10 + NVIDIA 显卡 + 最新版本

01 通过GitHub下载源代码，登录网址，单击Code按钮，单击"Download ZIP"按钮，下载安装包。

02 安装Git，如图3-2所示，访问Git官网，下载安装Windows版本的Git。

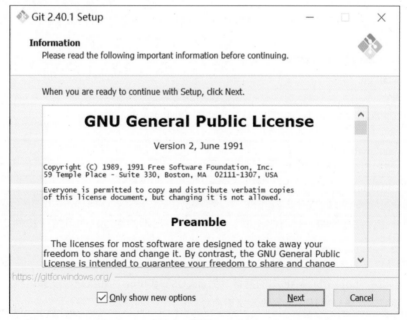

图 3-2

03 安装Python，访问Python官网，下载Python 3.10.6版本，如图3-3所示。

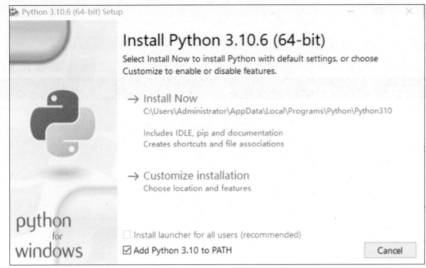

图 3-3

04 安装软件，双击"webui.bat"，会自动安装依赖包，根据读者各自的网速会花费一定时间。

05 等待上述步骤结束，完成安装。

06 打开浏览器，输入命令行显示的地址，即可打开软件，默认地址一般为"127.0.0.1:7860"。

3. Windows 10 + AMD 显卡

01 安装Git，访问Git官网，下载安装Windows版本的Git。

02 安装Python，访问Python官网，下载Python 3.10.6版本。

03 执行以下命令：

```
git clone https://github.com/lshqqytiger/stable-diffusion-webui-directml
cd stable-diffusion-webui-directml
git submodule init && git submodule update
```

04 安装软件，双击"webui.bat"，会自动安装依赖包，根据读者各自的网速会花费一定时间。

05 等待上述步骤结束，完成安装。

06 打开浏览器，输入命令行显示的地址，即可打开软件，默认地址一般为"127.0.0.1:7860"。

4. Linux + NVIDIA 显卡

01 安装Git，用于获取源代码；打开终端，输入如下命令：

```
sudo apt-get install git
```

02 通过Git获取源码：

```
git clone https://github.com/AUTOMATIC1111/stable-diffusion-webui.git
```

03 安装Python：

```
sudo apt-get install python3
```

04 安装软件，进入源码目录，执行启动文件：

```
cd  path/stable-diffusion-webui
./webui.sh
```

05 等待上述步骤结束，完成安装。打开浏览器，输入命令行显示的地址，即可打开软件，默认地址一般为"127.0.0.1:7860"。

5. macOS + M1/M2 芯片

01 安装brew，根据网站"https://brew.sh/"的指导，为macOS安装brew，如果已经安装可跳过该步骤。

02 安装Git，用于获取源代码；打开终端，输入如下命令：

```
brew install git
```

03 通过Git获取源码：

```
git clone https://github.com/AUTOMATIC1111/stable-diffusion-webui.git
```

04 安装Python：

```
brew install python3
```

05 安装软件；进入源码目录，执行启动文件：

```
cd  path/stable-diffusion-webui
./webui.sh
```

06 等待上述步骤结束，完成安装。打开浏览器，输入命令行显示的地址，即可打开软件，默认地址一般为"127.0.0.1:7860"。

6. 安装常见问题

（1）AssertionError: Torch is not able to use GPU

计算机没有 GPU，或 GPU 驱动未正确安装，Windows 没有安装正确的 Torch 版本或者 GPU 驱动。解决方法：登录 Nvidia 官网，下载并安装 CUDA，注意选择 Windows 版本。

（2）Python was not found

未安装 Python，或已安装 Python 但系统找不到 Python 所在的路径，重新安装 Python，并且勾选"Add Python 3.10 to PATH"。

（3）Note: This error originates from a subprocess, and is likely not a problem with pip

通过 pip 安装依赖包时出现网络错误。

（4）RuntimeError: CUDA Out of memory

显存溢出，GPU 的显存大小太小，安装 Stable Diffusion 软件至少需要 4GB 显存，如果生成分辨率更高的图，或者执行训练，则需要更多的显存。

3.2
界面介绍

Stable Diffusion 软件安装完成后，根据命令行提示的地址"127.0.0.1:7860"在浏览器中打开，如图 3-4 所示。注意，在打开软件时，保持命令行运行，请勿关闭。

图 3-4

下面介绍软件界面，包含 txt2img（文生图）、img2img（图生图）、Extra（后期处理）、Train、Checkpoint Merger 以及 Extensions 等主要功能。

3.2.1　txt2img

txt2img 是 AIGC 中常用的功能之一，它能够根据输入的文字直接生成对应的图片，也就是常说的"以文生图"。这个过程中 AI 具有较大的自由发挥空间，但生成的结果完全取决于提示词（prompt）的详细程度和质量。txt2img 是 Stable Diffusion 软件的默认页面，打开软件后将优先展示该界面。接下来，将从上到下依次介绍该界面。

Prompt（提示词）是需要输入的文字。它仅支持英文输入，输入的词应以逗号隔开。输入的文字可以是完整的句子，例如"a man is riding a bike"，也可以是多个形容词，例如"a man, riding a bike"。

Negative prompt（负面提示词）即不希望出现的一些效果。例如，在 Negative prompt 中输入"bad quality"可以有效降低生成低质量图片。如果想要生成男生，但模型总是生成女生，也可以在 Negative prompt 中加入 girl、woman 等词语，对模型进行纠错。

Generate（生成按钮）用于在将一切设置妥当后，生成对应的图片。生成的图片将会展示在下方的空白框体中。

Sampling method（采样方法）默认设置为 Euler a，指的是 Stable Diffusion 算法在生成图像时所采用的采样方式，不同的采样方式生成的效果存在显著差异。Sampling 是 Stable Diffusion 中十分重要的一个概念，是 Stable Diffusion 产生的。读者可根据他人经验或自行尝试，选择符合自己需求的采样方式。对于新手来说，可以不作太多调整。

Sampling steps 指的是算法在生成图像时所执行的采样步数，默认为 20 步。从理论上来讲，采样步数越多，生成的图像细节越精细，但耗时也会越长。但在实际操作中，过多的细节并不一定会带来更高的质量，建议设置为 10 ～ 50。

Width&Height 用于设置生成图像的宽和高，默认为 512×512。提高分辨率将显著提高计算代价、GPU 显存和耗时。如果想要直接生成较高分辨率的图片，例如 1920×1024，建议将 Stable Diffusion 部署在服务器上，并采用 V100 等显存较大的专业 GPU。

Batch count 指连续执行的批次数量，默认为 1。当设置为 N 时，会同时输出 N 张图片。如果读者想要一次性生成多张图片，可以提高 Batch count 数，Stable Diffusion 将依次执行 N 次，并且将多张图片同时展示在下面的显示框中。当然，所消耗的时间与 Batch count 呈线性关系。例如，当 Batch count 设置为 5 时，就需要消耗 5 倍的时间来生成 5 张图片。

Batch size 指每次同时生成的图片数，默认为 1。当设置为 N 时，会同时输出 N 张图片。Batch size 和 Batch count 之间的区别在于，Batch size 是并行生成，而 Batch count 是串行生成。Stable Diffusion 会一次性生成 N 张图片，因此显存要求也会提高。建议配置较低的读者将 Batch size 设置为 1。

CFG Scale 是 Classifier Free Guidance Scale 的缩写，默认为 7，用于控制生成的图像对 prompt 的符合程度，CFG Scale 越高，生成的图像越符合 prompt，但色彩饱和度越高，CFG 低扩散（diffusion）的自由度越高、越模糊，根据经验，设置为 5 ～ 15 比较好。

Seed（随机种子）默认为 −1。Stable Diffusion 会通过 Seed 产生一个初始的随机噪声，在随机噪声的基础上不断采样，直至得到最终的绘画结果。相同的 Seed 产生的随机噪声是完全相同的，这意味着生成的过程实际上是完全可重复的，假设所有的 prompt 和参数包括 Seed 也一致，可以得到完全相同的图片。如果对当前生成的图片不满意，可以通过调整不同 Seed，选择合适的结果。另一方面，Seed 对于保持图像一致性有着十分重要的作用，如果想要生成的图片之间保持相似，则需要将他们的 Seed 设置为相同的数值。

3.2.2　img2img

img2img 对应的功能是"以图生图"，即输入一张图片，以这张图片为基础，结合提示词（prompt），生成另一张图片，如图 3-5 所示。相比 txt2img，输入单纯的文字，变成了图片＋文字。由于有基础图片作为引导，img2img 的可控性会更强。例如，输入一张线条图，生成以这张线条图为基础的涂色图，生成的图片会和基础图的姿态轮廓有一定相似性。其中，img2img 又根据输入图像的不同，分为 img2img、inpainting 等。

图 3-5

Prompt/Negative Prompt/Generate（提示词、负面提示词和生成按钮）和 txt2img 界面完全一致。

Interrogate CLIP / Interrogate DeepBooru，Interrogate 直译过来是询问的意思，在这里是根据输入的图片，生成提示词（prompt），即看图说话。相对于 txt2img 的以文生图，Interrogate 的看图说话是反过程。Interrogate CLIP 和 Interrogate Deepbooru 的实现的功能完全一致，区别在于基于的 AI 模型不一样。

img2img 指输入图片的位置，这里上传一张明星照片，结合描述词"Disney princess, beautiful"，在右侧生成对应的图片，如图 3-6 所示。不难发现，生成的图片和输入的图片具有一定的一致性，整体构图位置和姿态，均与输入图片保持一致。

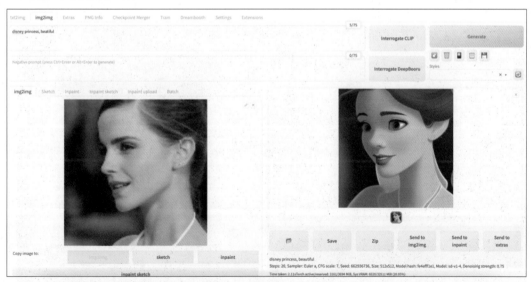

图 3-6

Inpaint（修补）是非常重要的一项功能，Inpaint 可以手动选择图中的区域，仅修改选中的区域，如图 3-7 所示，手动选中图片中狗的 mask，进行生成，可以实现图像编辑。这里选择将狗抹除，可以结合提示词，例如输入猫，或者人，将图片中的狗变成猫或者人。

图 3-7

Denoising strength 控制生成图像和输入图像之间的相似程度,在 img2img 中是一个比较重要的参数,需要经常调整。CFG scale 设置得越低,与原图相似程度越高,反之生成图像的自由度越高。

3.2.3 Extra

Extra 包含一些额外功能,图 3-8 所示为 Extra 界面,默认展示的是 Upscale 功能。Upscale 功能可以将图片分辨率提高,并让模糊图片变清晰。由于硬件的限制,txt2img 或者 img2img 生成的图片通常不会有很大的分辨率,例如 512×512。假如想要获取更高分辨率的图片,例如 1024×1024,可以将生成的图片进行 Upscale,并选择更高的分辨率。

图 3-8

如图 3-9 所示,在 Upscaler1 中可以选择不同的 Upscale 方法。

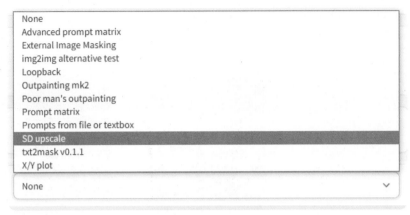

图 3-9

不同的 Upscale 方法生成的结果略有不同，其中 SD upscale 会一定程度上改变细节内容，如图 3-10 所示。

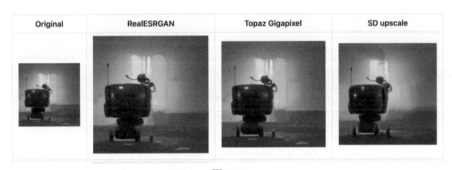

图 3-10

3.2.4　Checkpoint Merger

图 3-11 所示为模型融合界面，不同的两个 Stable Diffusion 模型可以在这个界面进行简单地融合。假设有两个模型 A 和 B，指定权重 M，可以按照公式 C=A*(1-M) + B *M，生成一个全新的模型 C。该步骤是一个简单的加法过程，速度非常快，相比重新训练一个模型，模型融合只需要一瞬间，无须耗费大量计算资源。

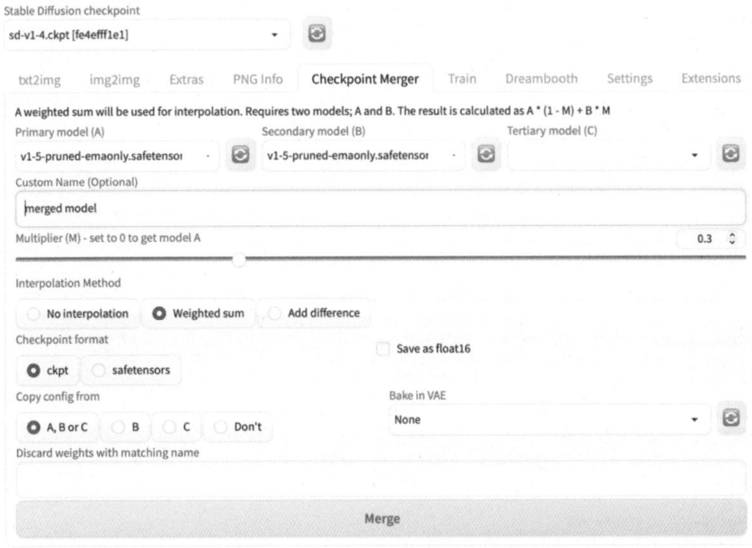

图 3-11

下面以"anime-pencile-diffusion-v3"和"Anything-V3.0-pruned-fp32"两个模型为例，如图 3-12 所示，通过 checkpoint merger，可以得到最右侧的"Pencil Test"模型。可以看到，融合的新模型兼具了前两个模型的画风。

图 3-12

3.2.5　Train

Train 对应的功能是训练专属模型，属于更高水平的定制化需求，图 3-13 所示为 Stable Diffusion Train 界面。当用户对模型有更高要求时，但目前模型无法满足，就需要对模型进行训练，让模型学习特定图片的风格或者人物形象，例如想要生成特定画风（水墨风、日系动漫），或者想要添加特定 IP 人物（机器猫、游戏人物）。更多关于训练的内容，可以参照第 4 章中的定制模型的训练。

| Create embedding | Create hypernetwork | Preprocess images | **Train** |

Train an embedding or Hypernetwork; you must specify a directory with a set of 1:1 ratio images [wiki]

Embedding

Hypernetwork

Embedding Learning rate

0.005

Hypernetwork Learning rate

0.00001

Gradient Clipping

disabled

0.1

Batch size

1

Gradient accumulation steps

1

Dataset directory

Path to directory with input images

Log directory

textual_inversion

Prompt template

style_filewords.txt

Width　512

Height　512

☐ Do not resize images

Max steps

100000

Save an image to log directory every N steps, 0 to disable

500

Save a copy of embedding to log directory every N steps, 0 to disable

500

☐ Use PNG alpha channel as loss weight

☑ Save images with embedding in PNG chunks

图 3-13

Embedding 可以理解为一个词，该功能主要是将用户提供的图片抽象为一个词。通过训练，可以教会模型特定的词对应的图像是什么样。

Learning rate（学习率）是模型学习的速率。当设置的数值过大时，可能导致训练结果出现 Loss=Nan，这是由于学习率过大，模型完全偏离了正确的方向，导致结果直接跑飞。举一个通俗的例子，当在崎岖蜿蜒的山路开车时，需要小幅度不断调整方向盘，这样可以顺利完成旅途。相反，如果猛打方向盘，车辆可能会直接跑飞。因此，选择一个合适的学习率，是非常重要的。

Gradient Clipping 为梯度截断。当模型即将跑飞时，开启梯度截断，有可能能挽救回来。

Batch Size 为训练模型时，模型单次学习的图片，默认为 1。Batch size 为 1 可以极大节省显存，但另一方面可能会让训练收敛不那么稳定。如果想要训练一个高质量的模型，建议在 V100 或 A100 这样的大显存 GPU 上，并且将 Batch size 调高。

Dataset directory 为用于训练模型的数据，数据准备永远是训练最重要的一步。

Log directory 为日志保存的目录。

Prompt template 为如果训练的模型对应的是一种风格，那么选择 style filewords，如果训练的模型对应的是一类物体，那么选择 subject_filewords。

Width&Height 为训练模型时输入图片的宽和高，默认为 512×512。宽高越大，所需的训练时间越长。

Max steps 为训练模型的步数，一般设置为 10000 步以上。注意，该选项直接关系到训练所需的时间，假设从 10000 步变更为 20000 步，就需要两倍的训练时间。但另一方面，过短的训练步数可能无法让模型充分学习，导致效果变差，更长更充分的训练步数或许可以得到更好的结果。

Loss 为损失，模型开始训练后，会在右侧显示 Loss，该数值大小用于指示模型的训练过程。一个正常的训练过程，Loss 会从大变小，直至稳定。假设 Loss 变为 Nan，则说明该次训练完全失败了。

3.2.6　Extensions

Extensions 包含一些第三方提供的插件，当 Stable Diffusion 本体软件无法满足需求时，可以通过 Extension 获取额外功能，例如训练 dreambooth 模型和 LoRA 模型，甚至还可以让软件支持中文界面。如图 3-14 所示，单击"load from"按钮，可以得到可安装的插件列表，单击 install 按钮安装并刷新 UI 后，即可看到 table 栏新增的插件。

图 3-14

3.3 原理介绍

Stable Diffusion 是由 Stability AI 和 CompVis 共同创建的一种生成式图像模型，要生成图像，需要从想象开始，并制定描述图像的文字 / 提示词，通过文字生成想要的图片，如图 3-15 所示。在大多数情况下，提供的细节越多，图像看起来符合预期的可能性就越大。教会读者如何实战之前，本节先简单介绍其原理和绘画过程，理解 Stable Diffusion 的基本工作原理，有助于在使用 Stable Diffusion 绘画时融会贯通，知其根本。

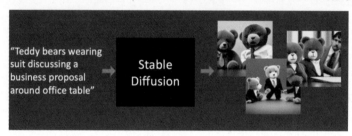

图 3-15

3.3.1 扩散模型

Stable Diffusion 的直译是"稳定扩散"，属于深度学习中的扩散模型（Diffusion Model），它是一类生成模型，通过类似扩散的方式逐步生成图像。为什么它被称为扩散模型？因为它的绘画过程非常类似于物理学中的扩散现象。扩散过程就像一滴墨水掉在一杯水中，墨水滴在水中扩散。几分钟后，它会随机分布在水中，将无法再判断它最初是掉在中心还是靠近边缘。

正向扩散。图 3-16 所示是一个图像的扩散示例，通过逐步扩散，图中清晰的图像逐渐添加噪声，变成了肉眼不可辨别的图像。

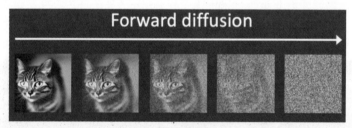

图 3-16

反向扩散。逆转扩散过程，就像向后播放视频一样，时光倒流，将看到最初添加墨滴的位置。图 3-17 所示为从嘈杂、无意义的图像开始，反向扩散恢复了猫的图像。反向扩散正是 AI 的作画过程，从一堆肉眼不可辨认的噪声开始，逐步去噪，最终生成清晰图像。这也就是为什么通常步数会关系到最终的生成效果，部署过少会导致扩散不充分。

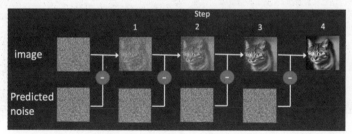

图 3-17

在以文生图（txt2img）的过程中，图像生成会从噪声开始，根据文字提供的信息逐步扩散，得到最终结果。以图生图（img2img）的过程则会同时涉及正向扩散和反向扩散，输入图片会逐步加噪，并经历去噪过程，最终生成结果。

3.3.2　模型结构

Stable Diffusion 由 Text-Encoder、U-Net，以及 VAE 三部分组成，整体结构图如图 3-18 所示，文字经过 Text Encoder 后，变成机器能理解的数字编码，结合噪声图像，经过 Diffusion model (U-Net) 完成扩散过程，最后经过 VAE 中的 Decoder，生成最终的图像。

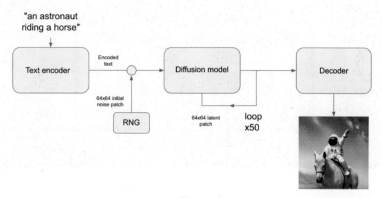

图 3-18

Text Encoder 中文译为"文字编码器"。由于机器只能理解数字，无法直接理解语言，因此需要输入文字，经过编码，转换为一系列数字编码，如图 3-19 所示。这里的 Text Encoder 使用的是 OpenAI 的 CLIP 模型，基于 Transformer 结构，和 ChatGPT 等大型语言模型的结构类似。由于 CLIP 是 OpenAI 在 4 亿对英文图片上训练的，因此目前 Stable Diffusion 只能输入英文。如果要输入中文，则需要先经过翻译，转换为英文后模型才能理解。

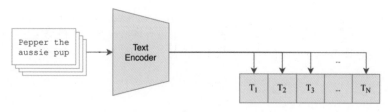

图 3-19

UNet 即 U 型网络，由于扩散模型结构呈 U 型，所以又将扩散模型本身称为 U-Net，如图 3-20 所示。U-Net 是三个网络中的主体部分，占据绝大部分参数，一个 4GB 的 Stable Diffusion 模型中，大约有 80% 的大小来自 U-Net。一般来讲，对 Stable Diffusion 模型进行整体微调（finetune）时，只会调整 U-Net，其他两部分保持不变。

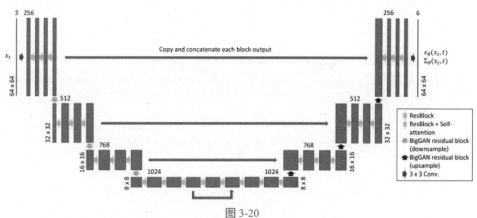

图 3-20

VAE 全称是 Variational Autoencoder，译为"变分自编码器"，包含 Encoder（编码器）和 Decoder（解码器），是一种图像生成模型，如图 3-21 所示。实际上，单独使用 VAE 即可完成图像对图像的生成，Text Encoder 和 UNet 实际只是为 VAE 提供了限制条件（conditions）。然而缺少了文字带来的具体指示，将无法生成满意可控的图像。Stable Diffusion 之所以惊艳，正是因为在 VAE 的基础上，引入了扩散模型和 latent 概念。

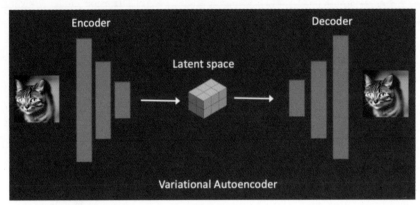

图 3-21

3.4
模型

在使用 Stable Diffusion 进行创作时，选择合适的模型至关重要。模型能生成的图像元素及样式取决于其训练时所用的数据，因此，不同的模型在不同领域具有各自的优势，例如有的模型擅长绘制逼真的人物，有的则擅长绘制动漫角色等。当然，也有一些全能型模型，能应对大多数常见主题的绘制，通常情况下，如果已经确定了绘画的主题或者风格，那么选择专门针对该领域进行训练或强化的模型往往能获得更好的效果。

可以说，使用 Stable Diffusion 绘画的第一步，就是选择合适的模型。

下面来了解模型的基础知识。

3.4.1 基础模型

Stable Diffusion 官方推出了几款基础模型，主要包括 V1.4、V1.5、V2.0、V2.1 等，这些模型有时也被称为通用模型，其他自定义模型基本都是基于这些模型训练的。

可以从 Hugging Face 或 Civitai 网站下载各种公开发布的模型，例如 Stable Diffusion V1.5 基础模型的项目地址为"https://huggingface.co/runwayml/stable-diffusion-v1-5"，访问这个页面，单击"Files and versions"标签可切换到文件下载页面，如图 3-22 所示。

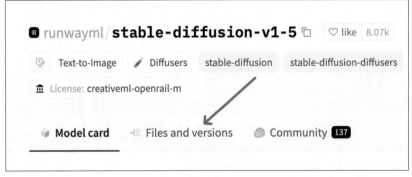

图 3-22

在这个页面可以看到模型项目的文件列表，如图 3-23 所示。

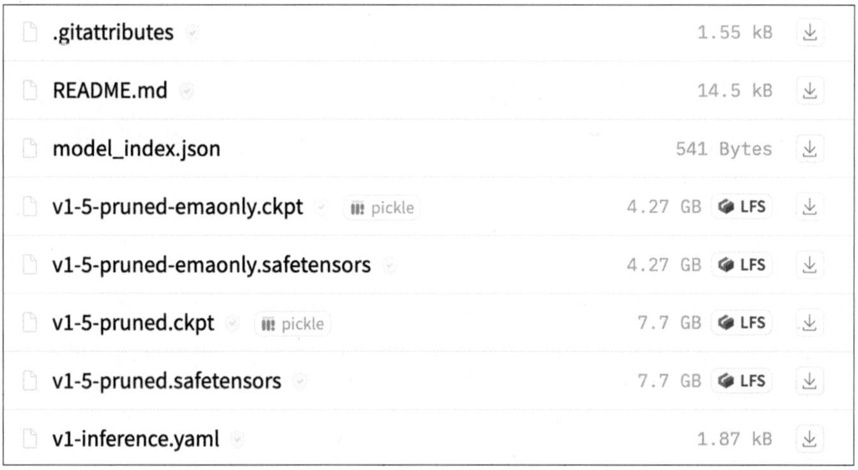

.gitattributes		1.55 kB	↓
README.md		14.5 kB	↓
model_index.json		541 Bytes	↓
v1-5-pruned-emaonly.ckpt	pickle	4.27 GB LFS	↓
v1-5-pruned-emaonly.safetensors		4.27 GB LFS	↓
v1-5-pruned.ckpt	pickle	7.7 GB LFS	↓
v1-5-pruned.safetensors		7.7 GB LFS	↓
v1-inference.yaml		1.87 kB	↓

图 3-23

以".ckpt"或".safetensors"结尾的文件即是模型文件，这两种格式在功能和用法上相同，其中".ckpt"格式稍老一些，可能存在安全漏洞。如果同时提供两种格式，建议下载".safetensors"格式的版本，例如这里下载"v1-5-pruned-emaonly.safetensors"文件即可。

V1.4、V1.5 模型目前仍然很流行，如果是刚开始学习 Stable Diffusion，可以从 V1.5 模型开始。V2.0、V2.1 模型中除了 512×512 分辨率外，还支持生成 768×768 分辨率的图像。

虽然 V2.0、V2.1 发布得更晚，但普遍认为它们的效果并没有显著提升，甚至一些场景下 V2.0 可能表现得更差。V2.1 做了一些改进，不过目前 V1 仍是最受欢迎的版本，很多自定义模型都是基于 V1.4 或 V1.5 训练的。

3.4.2　模型分类

模型按照内容以及作用，可以大致分为以下几类。

1. 大模型

大模型也叫底模型，后缀一般是".ckpt"或".safetensors"，它包含生成图像所需的一切数据，可以单独使用，同时尺寸较大，通常有几个 GB。前面提到的 Stable Diffusion V1.5 模型就是大模型，另外，也可以从 Hugging Face 或 Civitai 网站下载其他人发布的各种风格的大模型。

下载大模型后，可将文件放在 WebUI 安装目录的"models/Stable-diffusion"文件夹下。

2. LoRA 模型

LoRA（Low-Rank Adaptation）模型可以认为是大模型的补丁，用于修改或优化图像的样式，例如一些 LoRA 模型可以给图像添加细节，一些 LoRA 可以让生成的图片具有胶片拍摄的风格，还有一些则可以给人物添加中式武侠风格等。

它们的尺寸通常为几十至几百兆，需要和大模型一起使用，不能单独使用。

下载 LoRA 模型后，可将文件放在 WebUI 安装目录的"models/Lora"文件夹下。

3. VAE 模型

VAE（Variational Autoencoder，变分自编码器）模型后缀一般是".pt"，作用类似于图像滤镜，可调整画面风格，还能对内容进行微调。

部分大型模型自带 VAE 功能，使用不合适的 VAE 可能会导致图像质量降低。

VAE 的文件放在 WebUI 安装目录的"models/VAE"文件夹下。

4. Embedding 模型

Embedding 模型也称为文本反转（Textual inversions），用于定义新的提示词关键字，通常尺寸为几十至几百 KB。例如用某个角色的图片训练了一个新的 Embedding 模型，将它命名为 MyCharacter 并安装，之后就可在提示词中通过"MyCharacter"关键词来引入这个角色。

Embedding 模型的文件一般放在 WebUI 安装目录的 embeddings 文件夹下。

5. Hypernetworks

Hypernetworks 模型后缀名一般是".pt,"通常尺寸为几兆至几百兆，是添加到大模型的附加网络模型。这类模型的文件一般放在 WebUI 安装目录的"models/hypernetworks"文件夹下。

3.5 提示词

Stable Diffusion 的核心功能是根据文本生成图像，在选定模型之后，编写合适的提示词便成为关键。提示词是一段描述想绘制内容的文本，它将直接影响最终图像的内容和效果，因此，掌握提示词的写法对生成理想的图像非常重要。

3.5.1 提示词的组成

提示词可以包含以下内容。

（1）主题（必须）：即图片的内容是什么，描述想画的事物。

（2）媒体类型：指定图片的形式，例如 photo（照片）、oil painting（油画）、watercolor（水彩画）等。

（3）风格：以什么样的风格进行绘制，例如 hyperrealistic（超写实的）、pop-art（流行艺术）、modernist（现代派）、art nouveau（新艺术风格）等。

（4）艺术家：可以指定一位艺术家的名字，让 AI 以该艺术家的风格进行绘制。需要模型中有该艺术家的风格数据方可指定，例如 Picasso（比加索）、Vincent van Gogh（梵高）等知名艺术家。

（5）网站：以什么网站的风格进行绘制，例如 pixiv（日本动漫风格）、pixabay（商业库存照片风格）、artstation（现代插画、幻想）等。

（6）分辨率：指定图片的分辨率，会影响图片的渲染细节，例如 unreal engine（Unreal 游戏引擎风格，可用于渲染非常逼真和详细的 3D 图片）、sharp focus（锐利对焦）、8K（提高分辨率）、vray（虚拟现实，适合渲染 3D 的物体、景观、建筑等）等。

（7）额外细节：为图像添加额外的细节，例如 dramatic（戏剧性，增强脸部的情绪表现力）、silk（使用丝绸服装）、expansive（背景更大，主体更小）、low angle shot（从低角度拍摄）、god rays（阳光冲破云层）、psychedelic（色彩鲜艳且有失真）等。

（8）颜色：为图像添加额外的配色方案，例如 iridescent gold（闪亮的金色）、silver（银色）、vintage（复古效果）等。

其中除了主题是必需要素外，其余部分都是可选的。

例如，如果想要绘制一幅一只猫站在书本上的图像，那么可以这样编写提示词：

a cat standing on a book.（一只猫站在书上）

单击 WebUI 上的"生成"按钮，得到的效果如图 3-24 所示。

如果想把图片变成油画风格，只需在提示词中添加相关关键词即可，此时提示词如下，注意其中加粗的部分：

A cat standing on a book, **oil painting.**（一只猫站在书上，油画）

单击"生成"按钮，得到的效果如图 3-25 所示。

图像的效果不是很好，但这不是重点，重点是通过关键词，的确把图像变成了油画风格。

这里还可以进一步，例如模拟梵高的风格，将关键词修改如下，注意其中加粗的部分：

A cat standing on a book, oil painting, **Vincent van Gogh.**（一只猫站在书上，油画，文森特梵高）

单击"生成"按钮，得到的效果如图 3-26 所示。

图 3-24

图 3-25

图 3-26

可以看到，画面的笔触真的呈现出了梵高的风格。

还可以继续添加关键词，将图片风格变为其他所需要的风格。

3.5.2　权重

提示词的关键词可以调整权重，使用小括号包裹的关键词权重会增加，使用中括号包裹的关键词权重则减少。

具体规则如下。

1. 增加权重

如果要增加某个关键词的权重，可以使用半角小括号将它包裹起来，例如"（关键词）"。

默认情况下，小括号包裹起来的关键词的权重会增加10%，即变为原来的1.1倍。还可以在括号末尾添加一个数字，指定权重。

表 3-2 所示为一些具体的示例。

表 3-2

示例	说明
（关键词）	权重为 1.1
（关键词 :1.1)	权重为 1.1，与上一条示例效果相同
（关键词 :1.5)	权重为 1.5
((关键词))	权重为 1.1×1.1=1.21
(((关键词)))	权重为 1.1×1.1×1.1=1.331

2. 减少权重

如果要减少某个关键词的权重，可以使用半角中括号将它包裹起来，例如 "[关键词]"。

默认情况下，中括号包裹起来的关键词的权重会减少 10%，即变为原来的 0.9 倍。减少权重与增加权重语法类似，如表 3-3 所示。

表 3-3

示例	说明
[关键词]	权重为 0.9
[关键词 :0.9]	权重为 0.9，与上一条示例效果相同
[关键词 :0.5]	权重为 0.5
[[关键词]]	权重为 0.9×0.9=0.81
[[[关键词]]]	权重为 0.9×0.9×0.9=0.729

3. 示例

来看一个例子，想生成一张有猫和花的照片，提示词如下：

A cat, flower, photo.（一只猫，花，照片）

得到的图片如图 3-27 所示。

图 3-27

如果觉得图片整体不错，但花太小了，希望增加花的比重，那么可以在提示词中增加花的权重，同时保持其他设置以及随机数种子不变。新的提示词如下：

A cat, (flower:1.2), photo

得到的新图如图 3-28 所示。

图 3-28

可以看到，花在画面中的比重增加了。

3.5.3　渐变

提示词支持一种"渐变"语法，可以在绘制图像时将一个元素渐变为另一个元素。具体语法为 [关键词 1: 关键词 2: 因子]。

其中因子是一个 0 ~ 1 的数字，如 0.5，这个数字表示"关键词 1"所占的比重，数字越小，最终的结果越偏向"关键词 1"，数字越大，最终的结果越偏向"关键词 2"。

用这个方法，可以生成一张同时具有两个人外貌特征的面孔，例如"[名人 1: 名人 2:0.5]"将生成一张新的面孔，相貌介于名人 1 和名人 2 之间，当然，需要所使用的模型中有这两位名人的数据。

甚至还可以这样写：[老人 : 名人 :0.5]，即前一个关键词只是泛称，如"old man"，模型将自动生成一个老年男子的相貌，但后一个关键词是具体的人名，如"Albert Einstein"（阿尔伯特·爱因斯坦），模型会将前面生成的相貌向指定的名人的相貌渐变。

图 3-29 ~图 3-31 所示具体的例子，可以看到，从左到右，当渐变因子的值从 0.75 下降到 0.25 时，第二个关键词"Albert Einstein"的权重也越来越高，图像中人物的相貌也越接近 Albert Einstein。

 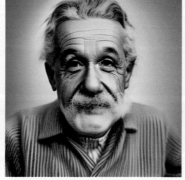 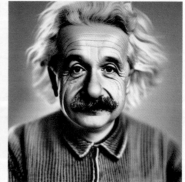

[old man:Albert Einstein:0.75]　　　[old man:Albert Einstein:0.5]　　　[old man:Albert Einstein:0.25]

图 3-29　　　　　　　　　　　图 3-30　　　　　　　　　　　图 3-31

3.5.4　使用 LoRA

还可以在提示词中使用 LoRA 模型来调整生成图像的内容或风格，使用 LoRA 的语法为 <LoRa: 文件名：权重 >。其中"文件名"即是 LoRA 模型文件的名字，不包含扩展名；权重是一个不小于 0 的数字，默认值为 1，设为 0 表示不使用该 LoRA，也可以设为比 1 大的数字来表示更大的权重，不过权重过大时可能会对画面起到反效果，可根据自己的需求以及具体 LoRA 的表现来调整权重值以获得最佳效果。也可以同时使用多个 LoRA，它们的效果将会叠加。

一些 LoRA 只需在提示词中包含 <LoRa: 文件名：权重 > 语法即可，也有一些 LoRA 带有触发词，除了 LoRA 调用语法外，还必须在提示词中包含指定的触发词方能生效。在 LoRA 的下载页面或者描述文档中一般可以看到关于触发词的说明。

如果记不住已安装的 LoRA 的文件名也没关系，只需单击右上角"生成"按钮下方的"显示 / 隐藏额外网络（Show/hide extra networks）"按钮，在提示词下方就可以显示或隐藏额外网络面板，单击其中的 LoRA 选项卡，即可看到当前所有安装的 LoRA，如图 3-32 所示。

图 3-32

在这个界面，单击一个 LoRA 卡片，即可在提示词输入框自动添加对该 LoRA 的引用，例如 "<LoRa:add_detail:1>"，表示使用"add_detail"这个 LoRA，权重为 1。接下来可以根据需要手动调整权重值数字。

当在使用基础模型总是得不到理想效果时，不妨试一试各种 LoRA，合适的 LoRA 可能会给图像效果带来惊人的提升。

3.6　出图方式

本节将讲解 Stable Diffusion 软件的基本用法，并从以文生图、以图生图两个功能进行绘画示范。

3.6.1　以文生图

1. 基本绘图流程

首先，从最简单的一次以文生图开始。组织提示词"a cat"（一只猫），然后单击"生成"按钮，生成第一幅图像，如图 3-33 所示。

图 3-33

接下来在上面的基础上增加新的内容，例如提示词：a cat and a girl（一只猫和一个女孩）。注意看，图 3-34 所示图片成功生成了一只猫和一个女孩，而右边图片却生成了两个猫女！现在遇到了第一次失败的生成。生成失败在 AI 绘画中并不少见，即使是一个熟练的 AI 绘画使用者，也会碰到这个问题。不过 AI 绘画的一个显著优势就是低成本，只需要花几秒钟再生成一次就能解决。可以单击"生成"按钮重新生成，直至获得满意的图片。

图 3-34

或者也可以尝试改进思路，并理解 AI 为何会生成猫女这种形象。"a cat and a girl"本意是想生成一只猫和一个女孩，这个说法是十分模糊的，在 AI 的理解中，只要图像里出现了猫，且出现了女孩，即可完成任务，因此生成的随机性很大。这导致 AI 在理解过程中，将猫和女孩两个概念重叠在了一起，偶然生成了猫女形象。

假设换一种更加准确的说法就可以从一定程度上缓解这个问题，例如"a cat besides a girl"（除了女孩还有一只猫）里猫和女孩有着明确的交互和位置关系，明显是两个不同的物体，因此不太可能混淆成猫女。重复单击"生成"按钮生成若干次图片，如图 3-35 所示，模型生成的图片就正常多了，猫女的失败生成比例也会大大减少。

从这个例子中可以发现，提示词的准确程度是十分重要的，模糊的提示词容易让 AI 产生误解，出现天马行空的结果。如果对生成图片的语义有着明确的要求，读者最好输入一段完整的话，包含主语、谓语、定语或动词。输入的提示词越详细，越有助于 AI 完全理解绘画者的意图，创作出满意的图片。

在以上句子的基础上，还可以用英文逗号隔开，添加不同的元素，为图像增添画风，例如梵高风格（van Gogh）以及动画风格（anime），提示词：a cat besides a girl, van Gogh style（除了女孩还有一只猫，梵高风格），生成结果如图 3-36 和图 3-37 所示。

图 3-35

图 3-36

提示词：a cat besides a girl, anime（除了女孩还有一只猫，动漫风格）。

图 3-37

2. 进阶教程

如果要生成更高质量的图片，需要学会更多的技巧。开始尝试这些技巧时，需要保持耐心，并进行适当的实验和比较，以找到最适合的参数设置。

更换模型：在基本绘图流程里，将使用的模型是官方提供的 V1.4 模型，该模型是一个通用模型，能生成真人、动画、油画等多种风格。假设读者对生成的领域有格外的要求，可以尝试使用一些专用模型，例如切换动漫专用模型"Anything-V3.0"，生成的动漫图片质量会更高。从网上下载专用模型，并放置在路径"stable-diffusion-webui/models/Stable-Diffusion/"文件夹下，单击左上角"刷新"按钮后，可以在下拉列表里看到新下载的模型"Anything-V3.0"，如图 3-38 所示，单击后切换模型，这个过程需要耗时 10s 左右。

图 3-38

载入动漫专用模型"Anything-V3.0"后，使用同样的提示词：a cat besides a girl，就能生成更符合动漫风格的图片，如图 3-39 所示。相比通用模型，动漫专用模型不仅生成高质量的图片成功率更高，同时在细节卡控上做得也更好。

图 3-39

负面提示词：假如生成的图像总是出现同类型的瑕疵，可以使用负面提示词来降低该类型出现的概率，告诉 AI 不想要这种类型的结果。由于动漫中"猫耳＋女生"是一个非常常见的组合，因此"a cat besides a girl"这组提示词生成兽人少女的几率是很大的。图 3-40 所示中生成的每一张图像的女生都出现了猫耳。

图 3-40

为了避免这种现象多次出现，可以在负面提示词里增加 furry(兽人）关键词，告诉 AI 模型不想要生成兽人少女。增加了负面提示词 furry 后，连续多次生成再也没有出现过戴猫耳的兽人少女了，如图 3-41 所示。

图 3-41

调整图像尺寸：拖动 Width（宽）和 Height（高）的进度条，可以改变生成图像的尺寸。注意，更高的分辨率意味着更多的运算时间和显存要求，如果机器配置较差，不要将该数值设置得太大，以免超出显存，不推荐超过 1024×1024 的分辨率。读者如果想要得到高清图片，可以先生成小分辨率的图片，再通过 Extra 选项中的 Upscale 功能，将图片的分辨率提高，如图 3-42 所示。

图 3-42

调整采样步数：采样步数可以理解为 AI 进行绘画的步数。从 Stable Diffusion 的原理介绍里，学习到 AI 进行绘画是按照扩散步骤逐步进行的，因此较少的步数意味着不完整的绘画结果，更多的步数则可以生成更精细的图片。图 3-43 所示是通过调整采样步数得到的连续结果，Steps=1 时只有模糊不可见的图像，随着 Steps 逐步提升，细节也进一步完善。

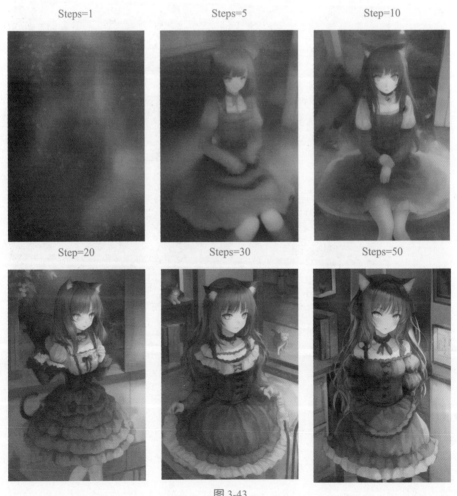

图 3-43

　　调整采样器：采样器可以理解为 AI 的画笔，不同类型的采样器，画出的风格会存在一定的差别。例如使用 Euler 采样器生成的图像一般画风更为柔和，而使用 DPM++ 系列采样器生成的图像画风更为鲜艳且对比度更高。图 3-44 所示为不同采样器的生成结果。

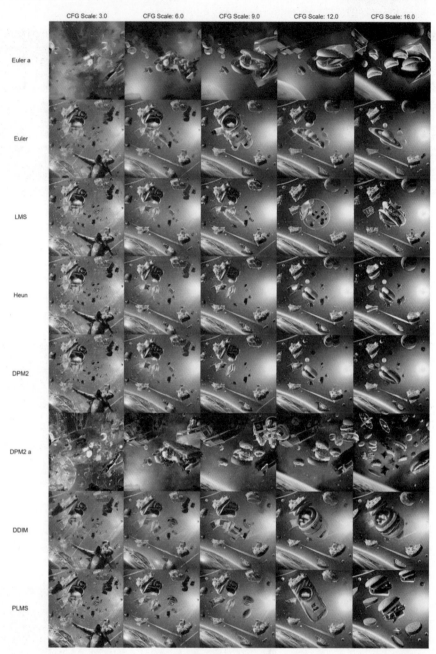

图 3-44

3.6.2　以图生图

　　以图生图相比以文生图，增加了图片输入，不仅需要输入文字，同时还要单击上传图片。

　　1. 基本绘图流程

　　单击软件界面切换到 img2img 页面，上传素材图片，然后组织提示词，再单击"生成"按钮，就能完成第一次以图生图。

　　上传一张女性图片，提示词：A woman, cyberpunk（一名女人，赛博朋克），生成右侧图片，如图3-45所示。

图 3-45

调整重绘幅度，以图生图可以通过调整"重绘幅度"来控制生成图像和原图的相似性，如图 3-46 所示。

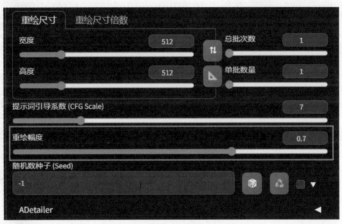

图 3-46

图 3-47 所示的结果可以看出，重绘幅度越低，和原图相似性越高，反之和原图相似性越低。

原图   Denosing Strength 0.1   Denosing Strength 0.3

Denosing Strength 0.5   Denosing Strength 0.7   Denosing Strength 1.0

图 3-47

2. 图像编辑

如果用户仅想修改图片中的部分内容，同时保持剩余部分不变，可以选择使用 img2img 里的 Inpaint 功能。Inpaint 的意思是绘画补全，AI 将根据用户的指令补全选中的部分。上传图片后，在左侧图片区域，用画笔涂色需要修改的部分，再配合提示词，软件将会把涂色部分修改为提示词所描述的内容。

如图 3-48 所示，上传一张欧美白人女性的图片，通过画笔将脸部和皮肤部位选中，并配合提示词：a black woman（一名黑人妇女），生成右侧黑人女性图片，同时保持选中区域以外的图片不变，保持相同的发型和着装。

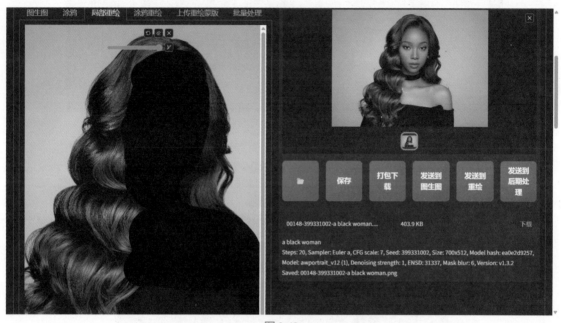

图 3-48

如果想要修改选中区域以外的内容，可以选中"重绘非蒙版内容"单选按钮，命令 AI 修改选中区域以外的部分，并保持选中区域的内容不变，如图 3-49 所示。通过反选人脸部位，保持图片中女性人脸 ID 信息，将其发型变换成卷发，更改提示词：a woman with curly hair（一个卷发的女人）。

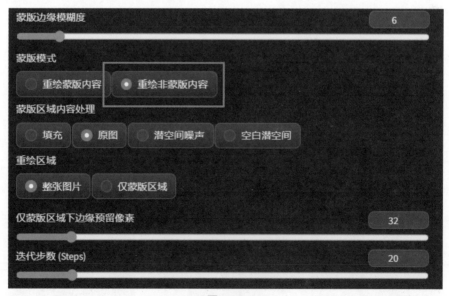

图 3-49

Stable Diffusion 图像编辑功能展示，反选脸部区域，将头发变换为卷发，如图 3-50 所示。

图 3-50

3.7
获取图片提示词

有时候，想重绘某张图片，却忘记了或者不知道相应的提示词，在 Stable Diffusion 中提供了解决办法的工具，可以从图片中读取或者反推提示词，具体操作如下。

3.7.1　使用生成的图片

如果想重绘的图像本身就是使用 Stable Diffusion 生成的，那么操作将会很简单，因为 Stable Diffusion 在绘制图像时会将相关的信息保存在图片文件的元信息中，这些信息可以在 WebUI 中再次读取。

图 3-51 所示是一张由 Stable Diffusion 生成的图片，如果想知道生成它时使用的提示词以及参数，只需在 WebUI 中打开"PNG 图片信息"面板，将这张图片上传上去，即可在右侧看见它的生成信息，如图 3-52 所示。

图 3-51　　　　　　　　　　　　　　　　　　　　图 3-52

通过这种方式，可以很方便地查看图片的提示词，除此之外，甚至还可以看到图片生成时使用的反向提示词、迭代步数、采样方法、CFG、随机数种子、尺寸、模型等信息。

WebUI 中的这个工具只是简单地从 PNG 图片的信息中读取之前保存的参数信息，而并非通过分析图像的内容来获得相关信息，因此，如果对应的图片不是由 Stable Diffusion 生成的，或者虽然是由 Stable Diffusion 生成但是经过了压缩或者修改丢失了元信息，那么就无法使用这个功能了。在这种情况下，需要将它当作普通图片，使用下面介绍的方法。

3.7.2 其他图片

在 WebUI 的图生图界面提示词输入框旁边有两个按钮，分别为"CLIP 反推提示词"和"DeepBooru 反推提示词"，如图 3-53 所示，这两个按钮的功能都是从图片中反推提示词。

图 3-53

要使用这个功能，只需在"图生图"面板上传想分析的图片，随后单击"反推提示词"按钮即可，具体操作如下。

01 在"图生图"面板上传名画《蒙娜丽莎》，如图3-54所示。

图 3-54

02 上传之后，单击"CLIP反推提示词"按钮，稍等片刻（首次使用时需要从网络下载模型，可能耗时较长）即可得到类似的提示词：a painting of a woman with long hair and a smile on her face, with a green background and a blue sky, Fra Bartolomeo, a painting, academic art, da vinci（一幅长头发的女人的画，脸上带着微笑，绿色的背景和蓝天，Fra Bartolomeo，一幅画，学术艺术，达·芬奇）。

可以看到，它真的反推出了对《蒙娜丽莎》图像内容的描述，甚至还识别出了作者可能是达·芬奇（da Vinci）。当然，也有一些不足，描述有点过于简单，甚至还犯了一些错误，例如提到了另一位不相关画家 Fra Bartolomeo 的名字。

再试试"DeepBooru 反推提示词"，单击按钮，得到类似的提示词：1girl, bound, dress, lying, on_back, realistic, solo, space, star_\(sky\), starry_sky（一个女孩，束缚，连衣裙，躺着，仰卧，逼真，独奏，太空，星空，星空）。

可以看到，DeepBooru 的输出以简短的关键词为主，准确性上似乎不是很高。

使用这两个按钮，能从任意图像中反推提示词。然而，请注意现阶段这两个反推功能并不完全可靠，可能会遗漏信息，或者对某些元素产生误判，因此，在技术进一步突破之前，反推得到的结果通常只能作为参考，使用前还需仔细检查。

3.8
图像扩展

图像扩展是一个有趣的功能，可以让 AI 将现有图像扩大，注意这并不是指尺寸的等比例放大，而是让 AI 通过算法，在现有图像的边缘补充内容，从而扩展图像的边界。

这里选择上一节的素材，在"图生图"界面上传这张图片，选择合适的模型，填入对应的提示词、反向提示词等信息。

如果忘记了或者不知道提示词，可参考上一节的内容获取图片的提示词。

图像扩展和绘制图片一样，受模型、提示词的影响很大，因此需要选择风格尽可能接近的模型，同时填写尽可能准确的提示词。

可以扩展任何图像，不过要获得最佳效果，最好是扩展由 Stable Diffusion 生成的图片，并且模型、提示词、采样算法等参数也与图片生成时保持一致。

设置好基本信息后，下拉页面，在参数设置的最下方，单击"脚本"下拉按钮，可以看到几个可选的脚本，如图 3-55 所示。

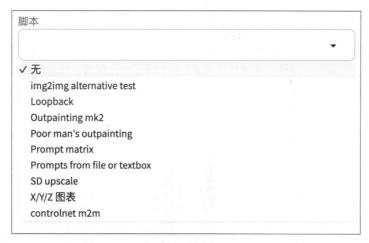

图 3-55

可选项中的"Outpainting mk2""Poor man's outpainting"两项都可用于图像扩展，效果略有不同，可以分别尝试选择合适的脚本。

选择"Poor man's outpainting"脚本，此时下方会出现更多相关参数，如图 3-56 所示。

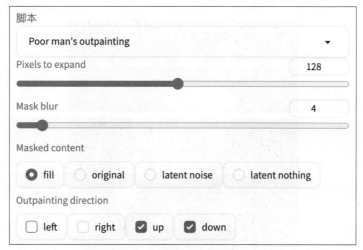

图 3-56

选择想扩展的方向。本案例中准备向上、下两个方向扩展，因此只勾选了 up 和 down 两个复选框，可以根据需要来勾选想要的扩展方向。

单击"生成"按钮，Stable Diffusion 就会开始扩展图片，一会儿就能看见扩展结果，原图和扩展后的图的对比，图 3-57 所示为原图，图 3-58 所示为扩展后的图。

图 3-57　　　　　　　　　　　　　　　　图 3-58

可以看到，图片的上方、下方都增加了新的内容，且与原图完美衔接。

如果想继续扩展，只需单击图像预览面板下方的">> 图生图"按钮，将刚扩展得到的新图片重新发送到图生图功能模块中，然后再次单击"生成"按钮即可。可以一直重复这个步骤，直到将图片扩展到想要的大小。

如果某次扩展的结果不够理想，可以修改随机数种子，或者确保随机数种子的值为 -1，然后再多试几次。

3.9
局部重绘

在局部重绘时还可以改变一些关键词，生成不一样的图，具体操作如下。

01 图3-59所示是一个动漫角色的形象，他有着一头火红的头发，生成该图提示词：1boy, portrait, pompadour hair, red hair, little smile, yellow eye, black jacket, medieval, village burning at night（一个男孩，肖像，蓬巴杜头发，红色头发，微笑，黄色眼睛，黑色夹克，中世纪，夜晚燃烧的村庄）。

图 3-59

想把他的头发改成蓝色，但画面其余地方不变，此时，就可以使用图生图中的局部重绘功能。

02 在"图生图"面板将图片导入，将头发部分涂黑，如图3-60所示红线的地方。

图 3-60

03 修改提示词：1boy, portrait, pompadour hair, blue hair, little smile, yellow eye, black jacket, medieval, village burning at night。

04 即将原本的"red hair"（红色头发）改为"blue hair"（蓝色头发）。然后单击"生成"按钮，效果如图3-61所示。

图 3-61

可以看到，图片的其他地方没有变化，但人物头发的颜色已被改成了蓝色，且与图片其余地方完美融合。

"局部重绘"是一个非常实用的功能，无论是生成新图还是扩展现有图像，当觉得画面整体不错只是局部有些瑕疵时，可以考虑使用"局部重绘"来对细节进行调整。

第4章
AI 插画设计

插画的应用领域广泛且多样，几乎涵盖了所有与视觉表达相关的行业，在广告、互联网、文创、包装、影视等行业发挥了重要的作用，随着市场需求的不断变化和技术的不断进步，插画的应用也将不断创新和发展。本章将学习如何使用 AI 绘画创作出插画作品。

4.1
关于 AI 插画

插画又称插图，是一种视觉表达艺术形式，传统插画主要以手绘、鼠绘和数位板绘等形式存在。

使用 AI 绘画技术进行插画创作是一种全新的创作方式，它融合了人工智能技术和艺术创作的精髓，为插画师提供了更广阔的创作空间和更高效的工作流程。AI 绘画能够自动化地生成各种样式的插画图，根据用户输入的提示词，自动生成符合要求的插画稿，如图 4-1 所示。

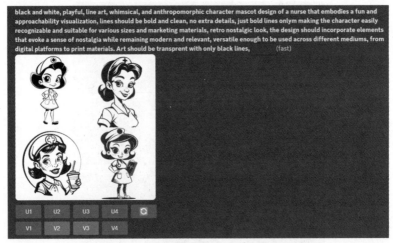

图 4-1

AI 绘画可以绘制出多种多样的风格，如古风风格、扁平风格、漫画风格、3D 立体风格等都是可以通过 AI 绘画实现的，如图 4-2 所示。

图 4-2

4.2
插画创作主题与构思指南

确定创作的主题是一门学问，也是进行插画创作前期必须做的思考，以下是提供的一些参考。

4.2.1　主题确定

插画创作的第一步是明确主题。灵感可源于个人兴趣、目标受众、情感表达、时事、文学、自然等方面。选择能激发你创作热情的主题，能更好地传达你的情感和观点。

4.2.2　画面构思

（1）主题要点：明确主题的核心信息，确定希望表达的概念或故事。

（2）中心内容：根据主题要点，构思具体画面内容，确保内容紧扣主题。

（3）角色设计：如有角色，设计其表情和动作，以加深情感表达。

（4）环境背景：选择与主题相呼应的背景，避免过于复杂的背景分散注意力。

（5）色彩运用：选择适合主题情感的色彩，营造氛围。

（6）符号与细节：添加与主题相关的符号和细节，丰富画面表达。

（7）构图与视角：尝试不同构图和视角，追求最佳视觉效果。

通过以上几点，可以系统地构思出插画的整体框架，为后续的创作提供明确的方向。

4.3
Midjourney 水墨画

水墨画是由水和墨调配成不同深浅的墨色所绘制出的画，是绘画的一种形式，更多时候，水墨画被视为中国传统绘画，也就是国画的代表。基本的水墨画，仅有水与墨，黑色与白色，但进阶的水墨画，也有工笔花鸟画，色彩缤纷。后者有时也称为彩墨画。

水墨花鸟画是中华民族悠久历史的象征，以独特的审美品格和艺术特色屹立于世界艺术之林。本节将介绍使用 Midjourney 绘制水墨花鸟画的过程。

01 启动 Discord，进入个人创建服务器页面。

02 单击聊天对话框，输入"/imagine"文生图指令，选择 Midjourney 机器人，如图 4-3 所示。

图 4-3

03 在指令框中输入英文提示词：Birds and plum flowers, Chinese style, minimalism, abstraction, rice paper, ink painting, pond, shape（鸟与梅花，中式，抽象，宣纸，水墨画，水流，塑造），如图 4-4 所示。

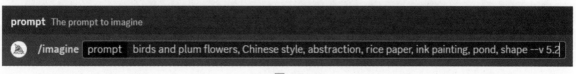

图 4-4

04 按 Enter 键，即可生成相应的场景图片。如不满意，可多次跑图或调整关键词，选择符合预想的图片进行保存，生成效果如图 4-5 所示。

图 4-5

4.4
Midjourney 水彩画

水彩画是用透明颜料作画的一种绘画方法，简称水彩，由于色彩透明，一层颜色覆盖另一层可以产生特殊的效果，但调和颜色过多或覆盖过多会使色彩肮脏，水干燥得快，所以水彩画不适宜制作大幅作品，适合制作风景类清新明快的小幅画作。

插画师李·怀特主要从事水彩创作，他的画风幽默、可爱、极具创意和趣味性，在本实例中，我们可以让 Midjourney 模仿他的风格进行水彩绘画，具体操作如下。

01 启动 Discord，进入个人创建服务器页面。

02 单击聊天对话框，输入 "/imagine" 文生图指令，选择 Niji journey 机器人，如图 4-6 所示。

图 4-6

03 在指令框中输入英文提示词: Hand painted watercolor illustration of A little sheep in a red dress with a microphone in his hand, flat illustration, full body, light green background, pastel color palette, light watercolor, Lee White --ar 4:3 --s 180 （卡通形象的手绘水彩插图，一只穿着红色礼服的小绵羊，手里拿着麦克风，全身，平面插图，浅蓝色背景，色彩柔和，浅水彩画，李·怀特，生成 4 : 3 尺寸的图片，风格化为 180 ），如图 4-7 所示。

图 4-7

04 按 Enter 键，即可生成两张相应的场景图片，如图 4-8 所示。

图 4-8

　　日本知名动画制作公司吉卜力工作室（Studio Ghibli）的作品有很大一部分使用了水彩风格，且具有非常鲜明的特色，这种风格被称为吉卜力风格，亦称宫崎骏风格。这种风格以鲜艳的色彩、精致的细节、温馨的画面以及梦幻般的氛围为特点，通常运用渐变色与柔和的笔触，营造出柔美且富有魔力的氛围。我们也可以模仿他的风格，利用 Midjourney 绘制水彩画，具体操作如下。

05 启动 Discord，进入个人创建服务器页面。

06 单击聊天对话框，输入"/imagine"文生图指令，选择 Midjourney 机器人，如图 4-9 所示。

图 4-9

07 在指令框中输入英文提示词：In 1985, in Beijing, China, in an old alley, during a summer afternoon. light watercolor, outside, bright, white background, few details, dreamy, Studio Ghibli --style raw（1985 年，在中国北京，一个夏日的午后，在一条老胡同里。浅水彩画，户外，明亮，白色画布，轻柔梦幻，吉卜力工作室风格，风格原始），如图 4-10 所示。

图 4-10

08 按 Enter 键，生成的场景图片如图 4-11 所示。

图 4-11

4.5
Midjourney 场景分镜绘画

在漫画分镜头台本中为了达到镜头的稳定感，大多数镜头的画面是固定不变的。本节将介绍利用 Midjourney 绘制场景分镜的绘画过程。

01 启动 Discord，进入个人创建服务器页面。

02 单击聊天对话框，输入"/imagine"文生图指令，选择 Niji journey 机器人，如图 4-12 所示。

图 4-12

03 在指令框中输入英文提示词：In ancient China, Chang'an, during the Tang Dynasty, was filled with a multitude of intricate ancient Chinese architecture. Wide streets lined both sides, and fireworks cascaded down like shooting stars. The night sky was adorned with a bright round moon. The art style was a blend of realism and fantasy, featuring rich and delicate genre paintings. The color palette included dark gold and black, while the designs showcased original art and intricate illustrations of characters. The attention to detail was abundant, resembling the lighting of a movie set, with volumetric lighting rendering techniques. --ar 12:5 --s 180（中国古代，长安，唐朝，鳞次栉比的中国古代建筑，两旁宽阔的街道，烟花如流星般坠落，夜空中一轮的明月，写实奇幻的艺术风格，丰富细腻的风俗画，暗金色和黑色，平面设计，原创艺术，细腻的人物插画，丰富的细节，电影照明，体积光渲染），如图 4-13 所示。

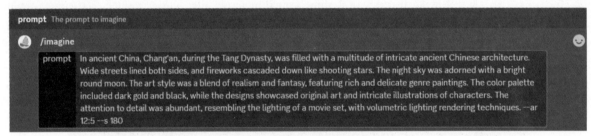

图 4-13

04 按 Enter 键，生成的场景图如图 4-14 所示。

图 4-14

05 单击图片放大，右击图片，在弹出的快捷菜单中选择"复制图像链接"选项，如图 4-15 所示。

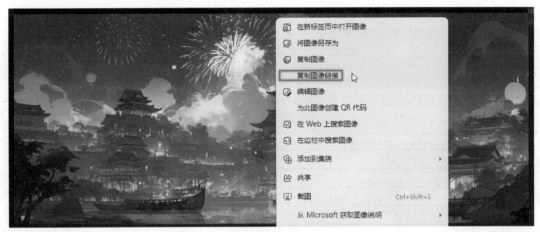

图 4-15

06 单击聊天提示对话框，输入"/imagine"文生图指令，选择 Niji journey 机器人，在指令中先输入复制的链接，再输入英文提示词（In ancient China, Chang'an, during the Tang Dynasty, was filled with a multitude of intricate ancient Chinese architecture. bird's-eye view, looking down from a height, Wide streets lined both sides, and fireworks cascaded down like shooting stars. The night sky was adorned with a bright round moon. The art style was a blend of realism and fantasy, featuring rich and delicate genre paintings. The color palette included dark gold and black, while the designs showcased original art and intricate illustrations of characters. The attention to detail was abundant, resembling the lighting of a movie set, with volumetric lighting rendering techniques.），在原有的英文提示词中添加上俯视的关键词，如图 4-16 所示。

图 4-16

07 按 Enter 键，生成的场景图如图 4-17 所示。

图 4-17

08 其他视角关键词分别为"中景（mid shot）""仰视（looking up）""远景（length shot）"等，可根据个人的需要进行运用，仰视生成的场景图如图 4-18 所示。

图 4-18

提示：目前图片的生成随机性较大，需要进行多次调整才能得到满意的效果，同时还可以配合 Photoshop 后期来更好地控制画面。

4.6
AI 线稿 3D 化

本实战将介绍使用 Midjourney 与 Stable Diffusion 绘制 3D 画的过程。首先，在 Midjourney 中利用提示词生成一幅线稿图，再进入 Stable Diffusion 中完成图像 3D 化，最终得到一张满意的 3D 画。

4.6.1 生成线稿

首先对想要的线稿形象输入一段提示词。

01 启动 Discord，进入个人创建服务器页面。

02 单击聊天对话框，输入"/imagine"文生图指令，选择 Midjourney 机器人，如图 4-19 所示。

图 4-19

03 在指令框中输入英文提示词：Full body, cartoon girl, fox hooded clothes, with fox tail, dynamic, children's coloring pages, cartoon style, thick lines, low detail, no shading, no shadows（全身、卡通女孩、穿着狐狸连帽衣、有狐狸尾巴、充满活力、儿童上色页、卡通风格、粗线条、细节少、无遮挡，无阴影），如图 4-20 所示。

图 4-20

04 按 Enter 键，即可生成 4 张相应的场景图片，效果图如图 4-21 所示。

05 在生成的 4 张图片中选择其中一张满意的效果图，这里选择第二张图片，在生成的图片下方单击 U2 按钮进行放大，并保存图片，如图 4-22 所示。

图 4-21　　　　　　　　　　　　　　图 4-22

4.6.2　生成 3D 效果

将 Midjourney 生成的线稿图案放入 Stable Diffusion 中创建 3D 化效果。

01 启动 Stable Diffusion，在面板上方选择 Stable Diffusion 模型，单击■按钮，在下拉列表中选择"Rev Animated_v122EOL"模型，如图 4-23 所示。如果是刚下载并安装好的模型，可单击旁边的■按钮进行更新后，再打开下拉列表选择模型。

02 选择面板上方的"外挂 VEA 模型"，单击■按钮，在下拉列表中选择"chilloutmix_NiPrunedFp32Fix.vae. ckpt"模型，如图 4-24 所示。

图 4-23　　　　　　　　　　　　　　图 4-24

03 进入"文生图"面板，在正向提示词文本框中输入一段提示词：Full body, cartoon girl, fox hooded clothes, with fox tail, dynamic, children's coloring pages, cartoon style, thick lines, low detail, no shading, no shadows, a girl, red tall, yellow eyes, light blue jacket, yellow headphones, white hair, <lora:blindbox_v1_mix:0.8> popular toys, blind box toys, Disney style.（全身，卡通女孩，穿着狐狸的连帽衣，有狐狸尾巴、充满活力，儿童上色书，卡通风格，粗线条，细节少，没有上色，没有阴影，一个女孩、红色尾巴，黄色眼睛，浅蓝色夹克，黄色耳机，白色头发，<lora:blindbox_v1_mix:0.8> 流行玩具，盲盒玩具，迪斯尼风格）。

04 在下面一栏的反向提示词文本框中输入提示词：Black and white, badz_prompt_version2, badhandv4, Easy Negative，如图 4-25 所示。

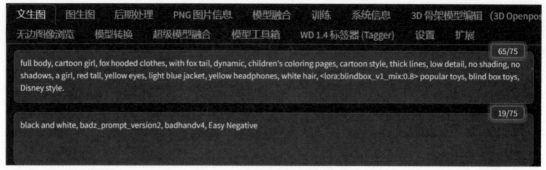

图 4-25

05 在正向提示词中添加 Lora 模型，单击"显示 / 隐藏扩展模型"按钮 ，如图 4-26 所示。选择 LoRA 面板，找到下载好的 Lora 模型，单击模型即可进行使用，并调整模型的控制权重参数为 0.8，如图 4-27 所示。

图 4-26

图 4-27

提示：Lora 模型为 blindbox_v1，如图 4-28 所示。

图 4-28

06 其他参数的设置如图 4-29 所示。

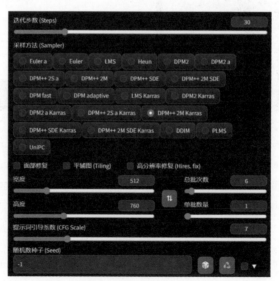

图 4-29

07 打开 ControlNet 插件，单击"ControlNet Unit0"按钮上传线稿图片，如图 4-30 所示。

08 设置"预处理器"为"Lineart_standard"（标准效果提取 - 白底黑线反色）、"模型"为"control_v11p_sd15_lineart[43d4be0d]"，其他参数设置如图 4-31 所示。

图 4-30

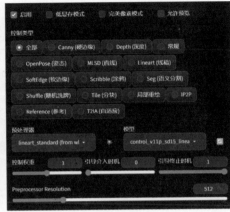

图 4-31

09 单击右上角的"生成"按钮，在生成的 6 张图中选择符合预想的一张，单击"发送到图生图"按钮，如图 4-32 所示。

10 进入"图生图"面板，选择 ControlNet 插件，单击右侧下拉按钮◀，导入生成的效果图，如图 4-33 所示。

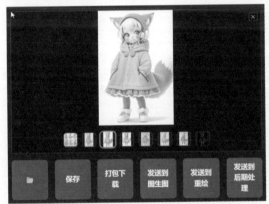

图 4-32

图 4-33

11 上拉面板找到"重绘尺度"，"宽度"改为 768，"高度"改为 1024。

12 下拉回到 ControlNet 插件，设置"预处理器"为"Tile_resample"（分块 - 固定颜色 + 锐化）、"模型"为"control_v11f1p_sd15_tile[a371b31b]"，其他参数的设置如图 4-34 所示。最终效果如图 4-35 所示。

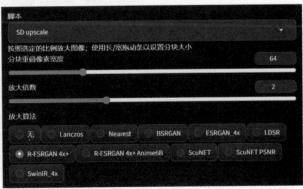

图 4-34

图 4-35

4.7
AI 线稿上色

本实战将介绍使用 Midjourney 与 Stable Diffusion 绘制线稿上色的过程，在 AI 绘画中还可以将自己所画的线稿使用 AI 进行上色，通过 AI 可以尝试各种各样的色调和形式，从而生成令人意想不到的效果，并提供新的思路和灵感。

4.7.1 生成线稿

首先输入一段提示词创建线稿。

01 启动 Discord，进入个人创建服务器页面。

02 单击聊天对话框，输入"/imagine"文生图指令，选择 Niji journey 机器人，如图 4-36 所示。

图 4-36

03 在指令框中输入英文提示词：Coloring book, In the subway, a young girl in a hat sits in a chair looking out the window, and a cat sits next to her, cartoonish style, Black and white line drafts, lines, no detail, no shading, no color（填色书，在地铁里，一位戴着帽子的年轻女孩坐在椅子上看着窗外，旁边坐着一只猫，卡通风格，黑白线稿，线条，没有细节，没有阴影，没有色彩），如图 4-37 所示。

图 4-37

04 按 Enter 键，即可生成相应的图片，如图 4-38 所示。

图 4-38

4.7.2　线稿上色

将 Midjourney 生成的线稿图案放入 Stable Diffusion 中进行上色。

01 启动 Stable Diffusion，在面板上方选择 Stable Diffusion 模型，单击■按钮，在下拉列表中选择"CarDosAnime_v20"模型，如图 4-39 所示。如果是刚下载并安装好的模型，可单击旁边的■按钮进行更新后，再打开下拉列表选择模型。

02 选择面板上方的"外挂 VEA 模型"，单击■按钮，在下拉列表中选择"vae-ft-mse-840000-ema-pruned"模型，如图 4-40 所示。

图 4-39

图 4-40

03 启动 Stable Diffusion，进入"文生图"面板，在正向提示词文本框中输入一段提示词：Highest quality, ultra-high definition, masterpiece, 8k quality, (extremely detailed CG unity 8k wallpaper), In the subway, a young girl in a hat sits in a chair looking out the window, and a cat sits next to her, Pink hat, yellow flowers, white skirt, orange cat.［最高品质，超高清晰度，杰作，8K 质量，（极其详细的 CG 统一 8K 壁纸），在地铁里，一位戴着帽子的年轻女孩坐在椅子上看着窗外，旁边坐着一只猫，粉色的帽子，黄色的花，白色的裙子，橘猫］。

04 在下面一栏的反向提示词文本框中输入提示词：(worst quality:2), (low quality:2), (normal quality:2), lowres, (monochrome), (grayscale), bad anatomy, DeepNegative, skin spots, acnes, skin blemishes,(fat:1.2),facing away, looking away, tilted head, lowres, bad anatomy, bad hands, missing fingers, extra digit, fewer digits, bad feet, poorly drawn hands, poorly drawn face, mutation, deformed, extra fingers, extra limbs, extra arms, extra legs,

malformed limbs, fused fingers, too many fingers, long neck, cross-eyed, mutated hands, polar lowres, bad body, bad proportions, gross proportions, missing arms, missing legs, extra digit, extra arms, extra leg, extra foot, teethcroppe,signature, watermark, username, blurry, cropped, jpeg artifacts, text, error，如图 4-41 所示。

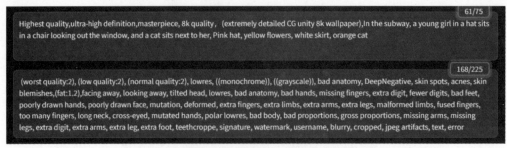

图 4-41

05 其他参数的设置如图 4-42 所示。

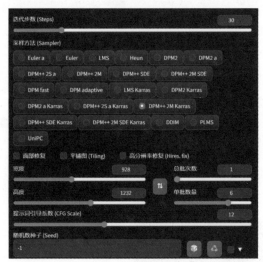

图 4-42

06 打开 ControlNet 插件，单击"ControlNet Unit0"按钮上传线稿图片，如图 4-43 所示，

07 设置"预处理器"为 Canny、"模型"为"control_v11p_sd15_canny [d14c016b]"，其他参数设置如图 4-44 所示。

08 参数调整后单击"爆炸"按钮。

图 4-43　　　　　　　　　　　　　　　　图 4-44

09 单击右上角的"生成"按钮，等待出图。

10 选择满意的图像，单击下方的"保存"按钮进行下载即可，生成效果如图 4-45 所示。

图 4-45

第 5 章
AI 电商设计

AI 绘画技术也能够在电商设计中发挥重要作用，通过生成的高质量的视觉内容提高电商产品的吸引力和转换率，同时节省时间和人力成本。本章主要介绍如何将 AI 绘画技术运用于电商领域，并通过实战学习提示词技术。

5.1
关于电商设计

AI 绘画在电商场景中的应用主要是代替商业拍摄，节省模特、场景、拍摄等的成本，提高销售转化率。对于服装类电商，可以生成模特展示图，省去找模特拍摄的时间和费用，如图 5-1 所示。对于家电美妆类电商，可以生成想要的场景图，节省布置实景的费用，如图 5-2 所示。除了节省时间和成本，更高质量的电商图片可以帮助商家提高商品展示效果，增强用户体验，提高销售转化率。

图 5-1   图 5-2

5.2
Midjourney 模特换衣

本实战将演示使用 Midjourney 生成的模特穿上产品样衣。生成式 AI 技术可以通过输入相应的提示词，生成不同虚拟模特的试穿效果图，从而节约聘请模特的成本以及节省模特拍摄所需的时间。因此，可以选择利用 Midjourney 生成一组想要的模特风格穿上需要展示的衣服。具体操作方法如下。

01 启动 Discord，进入个人创建服务器页面。

02 单击聊天对话框，输入"/imagine"文生图指令，选择 Midjourney 机器人，如图 5-3 所示。

图 5-3

03 需要先生成一张模特图，在指令框中输入英文提示词：Full-length female model wearing a white T-shirt on a light gray background.（穿着白色 T 恤的全身女模特，浅灰色背景），如图 5-4 所示。

图 5-4

04 按 Enter 键，即可生成 4 张相应的场景图片，选择其中一张放大并保存，如图 5-5 所示。

图 5-5

05 将需要更换的 T 恤素材抠取为透明底，如图 5-6 所示。

06 打开 Photoshop 导入生成的模特图片，并用抠取好的 T 恤覆盖在要替换模特身上衣服的位置，如图 5-7 所示。

图 5-6

图 5-7

07 将覆盖好的图片导出，回到 Midjourney 页面，上传刚才覆盖好的图片，并按 Enter 键确认发送，如图 5-8 所示。

08 发送成功后，右击图片，在弹出的快捷菜单中选择"复制链接"选项，如图 5-9 所示。

图 5-8　　　　　　　　　　　　　　　　　　图 5-9

09 在 Midjourney 页面中单击聊天框，使用"/imagine"指令输入提示词：https://s.mj.run/YeUtQB6En5M Full-length female model wearing a white T-shirt on a light gray background --iw 2（复制链接，穿着白色 T 恤的全身女模特，浅灰色背景，图像参考权重为 2），如图 5-10 所示。

图 5-10

10 按 Enter 键，即可生成相应的模特图片，选择一张满意的图片保存。如有偏差，可导入 Photoshop 内进行调整，最终效果如图 5-11 所示。

图 5-11

5.3
Midjourney 生成模特多角度

本实战将演示使用 Midjourney 生成同一个模特多个角度图片的过程。电商中拍摄的衣服展示，需要模特拍摄多个不同的角度动态地展示衣服，因此，使用 Midjourney 生成同一个模特多个角度展示的具体操作方法如下。

01 启动 Discord，进入个人创建服务器页面。

02 单击聊天对话框，输入"/imagine"文生图指令，选择 Midjourney 机器人，如图 5-12 所示。

图 5-12

03 在指令框中输入英文提示词：A cool female model, blue eyes, black pant, long leg, multiple pose ::2 and expressions, multiple shoot, mood light, wide lens, 35mm lens, photography.（一个超酷的女模特，蓝色眼睛，黑裤子，大长腿，多种姿势和表情，电影情绪灯光，广角镜头，35mm 广角镜头，摄影风格），如图 5-13 所示。

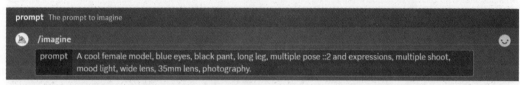

图 5-13

04 按 Enter 键，即可生成相应的模特图片，最终效果如图 5-14 所示。

图 5-14

5.4
Stable Diffusion 调整模特动态

在 5.2 和 5.3 节中 Midjourney 是通过文字描述将模特生成出来，但文字的表现是有限的，一些姿势很难用提示词精确描述，或者即使描述了 AI 也不能完全理解。那么，有办法让生成的人物摆出指定的姿势吗？答案是肯定的，借助 ControlNet 插件，可以生成任何想要的人物姿势。

5.4.1　什么是 ControlNet

ControlNet 是 Stable Diffusion 的一个扩展插件，它带来了很多强大的功能，例如让创作者可以精确地控制人物角色的姿势、将线稿转换为其他类型的图像等。

5.4.2 安装 ControlNet

ControlNet 和其他扩展插件一样，可在 WebUI 界面单击顶部的"扩展"标签页，进入扩展界面进行安装。

扩展界面有几个子标签，分别为"已安装""可下载""从网址安装""Backup/Restore（备份 / 恢复）"。可以在"可下载"面板获取所有可下载的扩展列表，从中找到 ControlNet 插件并单击"安装"按钮，也可以在"从网址安装"面板直接输入 ControlNet 的网络地址"https://github.com/Mikubill/sd-webui-controlnet"，随后单击下方的"安装"按钮进行安装，如图 5-15 所示。

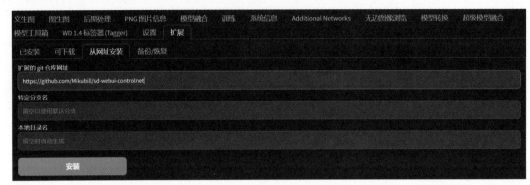

图 5-15

稍等片刻，可以看到安装成功的提示。如果遇到网络错误，可以在浏览器手动访问 ControlNet 网络的地址，将整个插件下载下来，解压，放到 Stable Diffusion WebUI 安装目录下的 extensions 文件夹内。

此时还只安装了 ControlNet 的脚本文件，要真正使用它，还需要下载对应的模型文件。

访问位于 Hugging Face 网站上的 ControlNet 的模型页面，下载模型文件（以 .pth 结尾的文件），并将文件放到 Stable Diffusion WebUI 安装目录下的 extensions/sd-webui-controlnet/models 文件夹内即可。

ControlNet 有很多模型文件，用途各不相同，但体积都比较大，可以全部下载，也可以先下载需要的模型，例如最常用的 OpenPose 和 Canny 等模型。

随后，重启 WebUI，再刷新 WebUI 界面，在文生图界面的参数设置部分如果看到一个新的 ControlNet 设置项，如图 5-16 所示，就表示安装成功了。

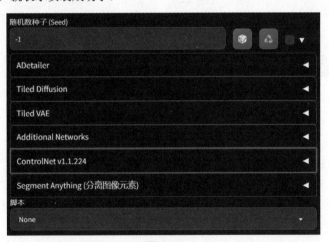

图 5-16

5.4.3 OpenPose

OpenPose 是一个开源的用于控制生成图像中人物姿势的 ControlNet 模型。接下来我们以 Open Pose 为例，演示 ControlNet 插件的基本用法。

进入"文生图"面板，选择 ControlNet 插件，单击右侧下拉按钮◀，可以展开 ControlNet 的设置项，如图 5-17 所示。

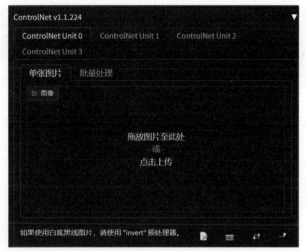

图 5-17

在这个界面上传一张包含期望的人物姿势的图片作为参考图，勾选"Allow Preview"（允许预览）复选框，在下方的"预处理器"下拉菜单中选择 OpenPose，之后再单击旁边的"爆炸"按钮💥。如果一切顺利，将在刚刚上传的图片旁边看见一个黑色背景的骨架图，如图 5-18 所示。

图 5-18

可以看到，骨架图已经基本自动识别出人物的肢体姿势。如果识别有误，也可以再在 OpenPose 编辑器等工具中进一步调整。之后，勾选"Preview as Input"复选框，将预览的骨架图作为 ControlNet 的输入，同时在下方的模型"（Model）"下拉框处也选择 OpenPose 模型（名字类似"control_v11p_sd15_openpose"）。

最后，单击右上角的"生成"按钮，Stable Diffusion 就会根据传入的姿势生成新的图片。

5.4.4　3D Openpose

上面我们讲解了如何从一张现有的图片中提取姿势的方法，这个方法虽然强大，但也有一些限制，想要任意调整模特动态、脸部抬头或者低头的姿势，可以使用 3D Openpose 编辑器，能够随意地调整模特各角度的姿态。

下载模型文件并解压"sd-webui-3d-open-pose-editor.rar"到 Stable Diffusion WebUI 安装目录下的"novelaiwebui-aki-v2\extensions"文件夹内即可，重新启动 Stable Diffusion，就可以看到安装好的 3D Openpose 编辑器，如图 5-19 所示。

图 5-19

这样，我们就可以利用 3D Openpose 让模特摆出想要的动态，让模特姿势变得更加可控。具体操作方法如下。

01 启动 Stable Diffusion，选择 3D Openpose，执行 File | "Detect From Image [中国]"命令，如图 5-20 所示，打开文件夹，选择一张素材图，如图 5-21 所示，单击"确定"按钮。

图 5-20

图 5-21

02 图片进入到 3D Openpose 界面，3D Openpose 会自动根据人物动态将骨骼绘制出来，如图 5-22 所示。

图 5-22

　　提示：单击鼠标滚轮可以调整骨骼整体大小，右击可移动骨骼位置。

03 将骨骼调整到合适的大小位置后，单击上方文本框中的 Generate 按钮，进入"编辑 Openpose"界面，单击 0 按钮，如图 5-23 所示。

04 单击"发送到文生图"按钮，将骨骼图形发送到 ControlNet 中，如图 5-24 所示。

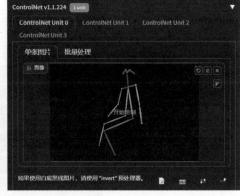

图 5-23

图 5-24

05 在正向提示词文本框中输入一段提示词：Best quality, ultra high res, (photorealistic:1/4). 1gilr,,,,,(famiti _friendly:1)［最佳质量，超高分辨率（照片写实为 1/4），一个女孩］。

06 在下面一栏的反向提示词文本框中输入提示词：Paintings, sketches, (worst quality:2), (low quality:2), (normal quality:2), lowres, normal quality, ((monochrome)), ((grayscale)), skin spots, acnes, skin blemishes, age spot, glans, bikini, medium breast, Nevus, skin spots，如图 5-25 所示。

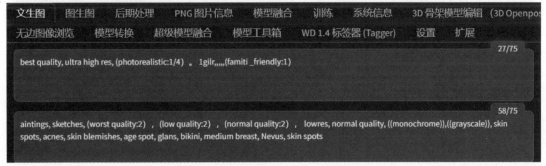

图 5-25

07 在面板上方选择 Stable Diffusion 模型，单击■按钮，在下拉列表中选择"awportrait_v12"模型，如图 5-26 所示。如果是刚下载并安装好的模型，可单击旁边的■按钮进行更新后，再打开下拉列表选择模型，如图 5-27 所示。

图 5-26

图 5-27

08 其他参数设置如图 5-28 所示。

09 单击 ControlNet 右侧下拉按钮■，设置"预处理器"为 None、"模型"为"control_v11p_sd15_lineart[43d4be0d]"，其他参数设置如图 5-29 所示。

图 5-28

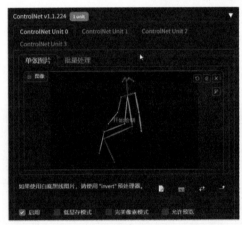

图 5-29

10 单击右上角的"生成"按钮,静待系统出图。可多次生成图片,选择满意的一张进行保存,如有需要修改的部位,可单击"发送到重绘"按钮在 Stable Diffusion 中修改,或单击"保存"按钮后导入 Photoshop 中修改,如图 5-30 所示。最终效果如图 5-31 所示。

图 5-30

图 5-31

5.5
Stable Diffusion 假模特换真人

本实战将演示基于假人模特图片生成真人展示图，假人模特可以真实地反映商品的尺寸和试衣效果，但假人模特美观性较差，无法吸引用户。因此，可以选择利用 Stable Diffusion 将假人模特转换为真人，同时保留模特所穿的服装。具体方法操作如下。

01 启动 Stable Diffusion，准备一张拍摄好的假人模特图，如图 5-32 所示。

图 5-32

02 使用 Photoshop 中的"钢笔工具"将衣服进行抠图，如图 5-33 所示，并填充黑色蒙版，如图 5-34 所示。

图 5-33   图 5-34

03 在面板上方选择 Stable Diffusion 模型，单击▼按钮，在下拉列表中选择"awportrait_v12"模型，如图 5-35 所示。

04 选择面板上方的"外挂 VEA 模型"，单击▼按钮，在下拉列表中选择"vae-ft-mse-840000-ema-pruned. safetensors"模型，如图 5-36 所示。

图 5-35 图 5-36

05 在"图生图"面板中单击"上传重绘蒙版"按钮，依次上传连衣裙和连衣裙蒙版图片，如图 5-37 所示。

06 在正向提示词文本框中输入一段提示词：Best quality, ultra-high res, (photorealistic:1.4), 1 girl, sand.（最佳质量，超高分辨率（照片写实为 1/4），一个女孩）。

07 在下面一栏的反向提示词文本框中输入提示词：Paintings, sketches, (worst quality:2), (low quality:2), (normal quality:2), lowers, normal quality, ((monochrome)), ((grayscale)), skin spots, acnes, skin blemishes, age spot, glans, bikini, medium breast, Nevus, skin spots，如图 5-38 所示。

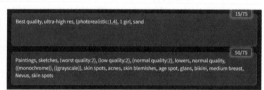

图 5-37 图 5-38

08 打开 ControlNet 插件，单击"ControlNet Unit0"按钮上传连衣裙图片，设置"预处理器"为 Canny、"模型"为"control_v11p_sd15_canny [d14c016b]"，调整其他参数后单击"爆炸"按钮，如图 5-39 所示。

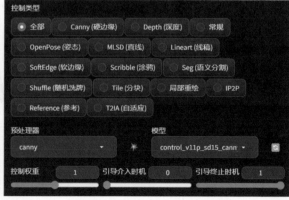

图 5-39

09 打开 3D Openpose 编辑器，将执行 File | "Detect From Image [中国]"命令，如图 5-40 所示，打开文件夹，选择假人模特图片，根据衣服图片调整骨骼动态。

10 调整好的骨骼形态大小如图 5-41 所示。

图 5-40　　　　　　　　　　　　　　　　　　图 5-41

11 单击上方文本中的 Generate 按钮，进入"发送到 ControlNet"界面，在"姿势 Control Model number"中单击 1 按钮，并单击"发送到图生图"按钮发送到 ControlNet 中，如图 5-42 所示。

图 5-42

12 将骨骼形态发送到 ControlNet 1 后，设置"预处理器"为 None、"模型"为"control_v11p_sd15_openpose [cab727d4]"，其他参数设置如图 5-43 所示。

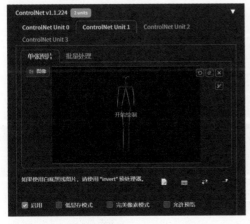
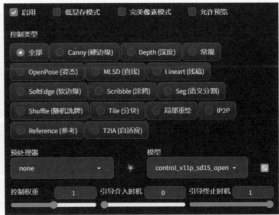

图 5-43

13 其他参数设置如图 5-44 所示。

图 5-44

14 最后，单击右上角的"生成"按钮，静待系统出图，可多次生成图片，选择满意的一张进行保存。如有需要修改的部位，可单击"发送到重绘"按钮在 Stable Diffusion 中修改，或单击"保存"按钮后导入 Photoshop 中修改，最终效果如图 5-45 所示。

图 5-45

5.6
Stable Diffusion 模特换脸

电商行业，尤其是跨境电商行业面向的客户群体是全世界。以跨境女装电商为例，在投放女装广告时，需要考虑不同国家客户对于模特图试穿效果的直观感受，这也是很多品牌会聘请不同国家的模特做相同衣服的展示的考虑之一。Stable Diffusion 在此场景中，可以通过输入相应的提示词，生成不同国家的模特形象。具体方法操作如下。

01 启动 Stable Diffusion，选择一张素材图片，如图 5-46 所示。

02 在面板上方选择 Stable Diffusion 模型，单击 ▾ 按钮，在下拉列表中选择"awportrait_v12"模型，如图 5-47 所示。

03 选择面板上方的"外挂 VEA 模型"，单击▼按钮，在下拉列表中选择"vae-ft-mse-840000-ema-pruned.
safetensors"模型，如图 5-47 所示。

图 5-46　　　　　　　　　　　　　　　　　图 5-47

04 执行"图生图"｜"局部重绘"命令，将素材图片上传"局部重绘"界面，将需要重新生成的部位进行涂抹
遮挡，如图 5-48 所示。

05 在正向提示词文本框中输入一段提示词：(masterpiece:1.4), (best quality:1.2), (ultra highres:1.2), (8k resolu
tion:1.0),(realistic:1.0),(ultra detailed1:0), (sharp focus1:0), (RAW photo:1.0) one Indian girl, detailed beautiful
skin, kind smile, solo, absurdres, detailed beautiful face, petite figure, detailed skin texture, pale skin, thigh gap,
detailed hair, random hair style, detailed eyes, glistening skin, portrait photo.（（杰作 :1.4），（最佳画质 :1.2），
（超高分辨率 :1.2），（8K 分辨率 :1.0），（逼真 :1.0），（超精细 1:0），（锐利对焦 1:0），（RAW 照片 :1.0）一个
印度女孩，细腻的皮肤，甜美的微笑，梭罗河，高分辨率，美丽脸庞，娇小的身材，细致的皮肤肌理，洁白的皮
肤，间隙，随意披散的头发，随机发型，细致的眼睛，闪闪发光的皮肤，肖像照片）。

06 在下面一栏的反向提示词文本框中输入提示词：(nsfw:1.4), (Easy Negative:1.4), (worst quality: 1.4), (low
quality: 1.4), (normal quality: 1.4), lowers, monochrome, grayscales, skin spots, acnes, skin blemishes, age spot,6
more fingers on one hand, deformity, bad legs, error legs, bad feet, malformed limbs, extra limbs，如图 5-49 所示。

图 5-48　　　　　　　　　　　　　　　　　图 5-49

07 其他参数设置如图 5-50 所示。

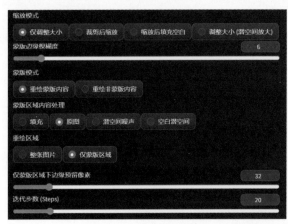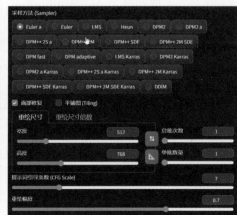

图 5-50

08 单击"生成"按钮，最终更换效果如图 5-51 所示。

图 5-51

5.7
Midjourney 产品首图合成

电商店铺的普及让消费者有了更多的选择。对于电商店铺的店主来说，如何吸引消费者进行购买是首要考虑的问题，店铺商品的展示则是重中之重。本节主要介绍利用 Midjourney 与 Photoshop 合作绘制产品主图的过程，用简单的方法将商品的特征突显出来，具体操作方法如下。

01 启动 Discord，进入个人创建服务器页面。

02 单击聊天对话框，输入"/imagine"文生图指令，选择 Midjourney 机器人，如图 5-52 所示。

图 5-52

03 需要先生成一张想要的场景图样式，在指令框中输入英文提示词：The wine bottle sits on a brown wooden table with two bunches of red grapes, red wine barrels, green blurred background, Renaissance style,

photographic, authentic, 8k, rich in detail, light and shade contrast, warm tones --ar 3:4（酒瓶放置在一张棕色的木桌上，两串红葡萄，红酒桶，绿色模糊背景，文艺复兴风格，摄影，真实，8K，细节丰富，明暗对比，暖色调，生成 3:4 尺寸的图片），如图 5-53 所示。

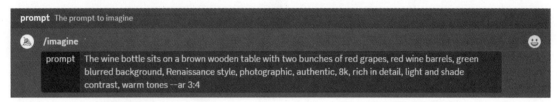

图 5-53

04 按 Enter 键确认，即可生成相应的场景图片，如图 5-54 所示。

图 5-54

05 在生成的 4 张图片中选择其中一张满意的效果图片，这里选择第三张图片，在生成的图片下方单击 U3 按钮，放大并进行保存，如图 5-55 所示。

图 5-55

06 在 Photoshop 中打开需要替换的红酒瓶素材，如图 5-56 所示，使用选框工具将红酒瓶素材抠取为透明底。

图 5-56

07 在 Photoshop 中导入生成的图片，如图 5-57 所示，并将透明底红酒瓶覆盖到生成的图片红酒瓶的位置并保存，如图 5-58 所示。

图 5-57   图 5-58

08 回到 Midjourney 页面，单击 ⊕ 按钮选择上传文件，上传后按 Enter 键确认发送，如图 5-59 所示。

09 图片发送后，右击图片，在弹出的快捷菜单中选择"复制链接"选项，如图 5-60 所示。

图 5-59

图 5-60

10 在 Midjourney 页面中单击聊天框，使用 "/imagine" 指令输入复制的链接与提示词：https://s.mj.run/ k7TzXAH2kzY The wine bottle sits on a brown wooden table with two bunches of red grapes, red wine barrels, green blurred background, Renaissance style, photographic, authentic, 8k, rich in detail, light and shade contrast, warm tones --ar 3:4 --iw 2（复制链接，酒瓶放置在一张棕色的木桌上，两串红葡萄，红酒桶，绿色模糊背景，文艺复兴风格，摄影，真实，8K，细节丰富，明暗对比，暖色调，生成 3:4 尺寸的图片，图像参考权重为 2），如图 5-61 所示。

图 5-61

11 按 Enter 键确认，即可生成 4 张相对应的场景图片，效果图如图 5-62 所示。

12 选择一张满意的图片保存，导入 Photoshop 内进行修图调整，最终效果如图 5-63 所示。

图 5-62

图 5-63

5.8
AI 电商场景搭建

在很多电商产品中，常常需要进行产品的拍摄布景或者建模场景，但是人力、场景、拍摄的成本往往花费很高，因此，可以通过使用 Midjourney 来模仿摄影和 C4D 风格生成想要的场景图，节省布置实景的费用，也节省设计师建模的时间成本。本节将详细展示如何使用 Midjourney 生成各种场景图的案例。

5.8.1 制作暖色餐厅背景图

本实战将生成暖色调的餐厅背景图，场景中可以放些食物、小家电、餐具等用来展示产品，具体方法操作如下。

01 启动 Discord，进入个人创建服务器页面。

02 单击聊天对话框，输入"/imagine"文生图指令，选择 Midjourney 机器人，如图 5-64 所示。

图 5-64

03 在指令框中输入英文提示词：Indoor shot, solid wood dining table, an orange, large empty tabletop, beige curtains, soft light, vintage, nostalgia, dark brown, light brown background, simplicity, commercial photography, top view, Fujifilm, f/4.0, 85mm（室内拍摄，实木餐桌，橘色，大空桌面，米色窗帘，柔和的光线，复古，怀旧，深棕色，浅棕色背景，简单，商业摄影，顶视图，富士胶片，f/4.0，85mm），如图 5-65 所示。

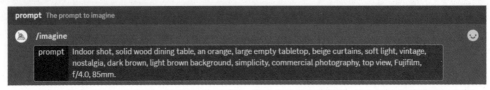

图 5-65

04 最终生成效果如图 5-66 所示。

图 5-66

5.8.2 制作奶油风背景图

本实战将生成奶油风格的空景图，画面干净唯美，在这个场景中可以放一些美妆产品、首饰，礼盒等用来展示产品，具体方法操作如下。

01 启动 Discord，进入个人创建服务器页面。

02 单击聊天对话框，输入"/imagine"文生图指令，选择 Midjourney 机器人，如图 5-67 所示。

图 5-67

03 在指令框中输入英文提示词：Cream table, a small ceramic vase, cotton and linen fabrics scattered on the table, cream monochrome background, light and shadow from the window on the wall, sunlight, monochrome color scheme style, lots of white space, product photography, minimalist style, front view, commercial

photography, HD, fine, best quality.（奶白色桌子，一个小陶瓷花瓶，棉麻织物散落在桌子上，奶白纯色背景，墙面的窗户洒落着光影，阳光，纯色配色，画面干净，产品摄影，简约风格，前视图，商业摄影，高清，细致，最佳质量），如图 5-68 所示。

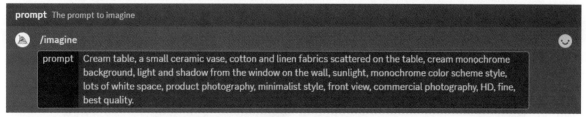

图 5-68

04 最终生成效果如图 5-69 所示。

图 5-69

5.8.3 制作森林风展台背景图

本实战将生成森林元素的展台背景，画面清新，在这个场景中可以放一些美妆产品、香水、沐浴露等用来展示产品，具体方法操作如下。

01 启动 Discord，进入个人创建服务器页面。

02 单击聊天对话框，输入"/imagine"文生图指令，选择 Midjourney 机器人，如图 5-70 所示。

图 5-70

03 在指令框中输入英文提示词：The stone plateau is in the middle of a green wall, in the style of rendered in cinema4d, meticulous photorealistic still lifes, soft and dreamy atmosphere, sony fe 24-70mm f/2.8 gm, industrial and product design, tondo, nature- inspired camouflage --ar 3:4（石台位于绿色墙壁中间，采用 cinema4d 渲染风格，细致逼真的静物，柔和梦幻的氛围，SONY FE 24-70mm F/2.8 GM，工业和产品设计，圆形雕刻，自然，图片比例为 3:4），如图 5-71 所示。

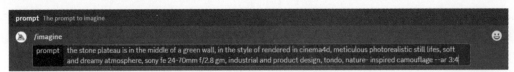

图 5-71

04 最终生成效果如图 5-72 所示。

图 5-72

5.8.4　制作家电广告背景图

本实战将生成家电背景的展台，在这个场景中可以放一些家电展示，如吸尘器、扫地机、空调等，具体方法操作如下。

01 启动 Discord，进入个人创建服务器页面。

02 单击聊天对话框，输入 "/imagine" 文生图指令，选择 Midjourney 机器人，如图 5-73 所示。

图 5-73

03 在指令框中输入英文提示词：Modern white living room by the sea in a surreal style of water, pale blue and pale pink, Ricoh r1, fine craftsmanship, influenced by the ancient Chinese arts --ar 16:9（海边的现代白色客厅，以超现实的水、淡蓝色和淡粉色的风格，理光 r1，精细的工艺，受中国古代艺术的影响，图片比例为 16:9），如图 5-74 所示。

图 5-74

04 最终生成效果如图 5-75 所示。

图 5-75

5.8.5　制作展台背景图

　　本实战将生成护肤品的展台背景，画面温暖柔和，在这个场景中可以放一些美妆类或保健品类产品展示，具体方法操作如下。

01 启动 Discord，进入个人创建服务器页面。

02 单击聊天对话框，输入"/imagine"文生图指令，选择 Midjourney 机器人，如图 5-76 所示。

图 5-76

03 在指令框中输入英文提示词：Minimalist stage design for skin care products, serenity, stage focus, A singleoroduct stage was placed in the middle. social media product scenario Application, digital environment. C4D, Octane Render and Blender, Studio lighting, high quality, ultra – high definition 32K UHD --ar 16:9（极简护肤品的舞台设计，宁静安详，舞台聚焦，一个单一的产品舞台被放置在中间。社会媒介产品情节 Application，数字式环境，C4D，辛烷渲染和搅拌机，高质量，超高清晰度 32K UHD，图片比例为 16:9）如图 5-77 所示。

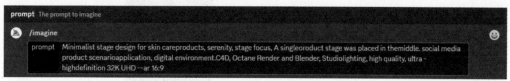

图 5-77

04 最终生成效果如图 5-78所示。

图 5-78

5.8.6　制作 3D 科技促销背景图

　　本实战将生成 3D 科幻场景的背景图，可以用来做促销海报、直播背景等，将通过图生图的方法生成图片，具体方法操作如下。

01 找到一张想要生成类似风格的参考图片，如图 5-79 所示。

图 5-79

02 启动 Discord，在 Midjourney 页面中单击文本框左边的按钮⊕，上传参考图片，如图 5-80 所示。

03 上传文件后，右击图片，在弹出的快捷菜单中选择"复制链接"选项，如图 5-81 所示

图 5-80   图 5-81

04 单击聊天对话框，输入"/imagine"文生图指令，选择 Midjourney 机器人，如图 5-82 所示。

图 5-82

05 在指令框中输入英文提示词：https://s.mj.run/ciq1sNZ0sHQ In a blue-purple city of the future, in the style of rendered in cinema4d, tokina opera 50mm f/1.4 ff, light white and light gold, depictions of theater, packed with hidden details, lively tableaus, spiral group, Ray Tracing, Edge light, Glow effect, grexagger --ar 3:4（复制链接，在一座蓝紫色的未来城市中，以 C4D 渲染的风格，tokina opera 50mm f/1.4 ff，浅白色和浅金色，剧院的描绘，各种隐藏的细节，生动的画面，螺旋组，光线追踪，边缘光，辉光效果，动作夸张，视角夸张，图片比例为 3:4），如图 5-83 所示。

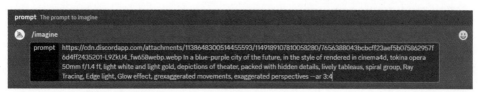

图 5-83

06 按 Enter 键确认，即可相应的场景图片，最终生成效果如图 5-84 所示。

图 5-84

第 6 章——
AI 视觉设计

视觉设计是一种创意设计，主要以视觉形式传达信息、触发情感反应和塑造品牌形象。视觉设计涵盖了广泛的领域，包括海报设计、LOGO 设计、用户界面设计（UI）、包装设计等。本章将使用实战的形式讲解 AI 绘画在视觉设计中的应用。

6.1
关于 AI 视觉设计

视觉设计是指使用图形、色彩、线条、形状和空间等视觉元素（例如照片、视频、图像、图表、图标、色彩构成等）来传达信息、情感和观点的过程。

在视觉设计中，AI 绘画设计具有许多优势。AI 绘画可以快速生成效果图，为设计师提供参考和灵感。AI 绘画可以帮助设计师快速迭代和试错，加快设计的速度和效率。无论是版式设计、海报设计还是 LOGO 设计等，AI 绘画都能够提供高质量的作品（图 6-1），减轻设计师的工作负担。

图 6-1

6.2
Midjourney LOGO 设计

　　创建一个成功的 LOGO，通常需要考虑以下几点：明确品牌核心理念，以准确传递品牌信息；了解目标受众，以满足其需求和兴趣；使用恰当的设计元素、颜色和字体，以增强视觉效果；确保良好的可缩放性，以适应不同大小和场景；保持与品牌形象和价值观的一致性。一个出色的 LOGO 能够助力品牌在竞争激烈的市场中脱颖而出。

　　Midjourney 是一款强大的设计工具，它可以协助设计师快速创作出高质量的 LOGO。本节通过灵活运用 Midjourney 的指令，让用户可以实现各种风格的 LOGO 设计，从而提高工作效率和创新力。

6.2.1　设计师风格 LOGO

　　使用 Midjourney 生成设计师风格 LOGO，可以使用该提示词公式：（风格）LOGO of（元素），minimal graphic，by（设计师），--no（不想要的特点）。

　　（1）风格：LOGO 的风格，如 flat vector（平面矢量）。

　　（2）元素：LOGO 的主体元素，如 cat（猫）。

　　（3）设计师：添加喜欢的设计师风格，如 Rob Janoff（苹果 LOGO 设计师）。

　　（4）--no：用于排除不想要的特点，如 realistic photo detail shading（现实照片细节阴影）。

　　通过对提示词的替换，可以生成 LOGO 设计，具体操作如下。

01 启动 Discord，进入个人创建服务器页面。

02 单击聊天对话框，输入"/imagine"文生图指令，选择 Midjourney 机器人，如图 6-2 所示。

图 6-2

03 在指令框中输入英文提示词：flat vector logo of cat, minimal graphic, by Rob Janoff, --no realistic photo detail shading.（平面矢量化的猫形 LOGO，简约图形，由 Rob Janoff 设计，-- no 现实照片细节阴影），如图 6-3 所示。

图 6-3

04 按 Enter 键，即可生成 4 张相应的 LOGO 图片，生成效果如图 6-4 所示。

图 6-4

　　说起 LOGO 设计，不得不提到设计大师保罗·兰德，他的作品具有非常强烈的视觉效果，他还提出了关于 LOGO 优秀与否的 7 个标准：简洁性、独特性、可视性、适应性、可记忆性、普适性，以及经典不过时。

这么多年过去了，这几个标准依然十分受用，这里模仿他的风格生成 LOGO 设计，具体操作如下。

01 启动 Discord，进入个人创建服务器页面。

02 单击聊天对话框，输入"/imagine"文生图指令，选择 Midjourney 机器人，如图 6-5 所示。

图 6-5

03 在指令框中输入英文提示词：Flat vector Logo of cat, minimal graphic, by Paul Rand, --no realistic photo detail shading（平面矢量化的猫形 LOGO，简约图形，由保罗·兰德设计，-- no 现实照片细节阴影），如图 6-6 所示。

图 6-6

04 按 Enter 键，即可生成 4 张相应的 LOGO 图片，生成效果如图 6-7 所示。

图 6-7

6.2.2 图形 LOGO

图形 LOGO 通常由简洁的图形元素构成，具有扁平化、矢量化以及简洁明了的设计风格。具体操作如下。

01 启动 Discord，进入个人创建服务器页面。

02 单击聊天对话框，输入"/imagine"文生图指令，选择 Midjourney 机器人，如图 6-8 所示。

图 6-8

03 在指令框中输入英文提示词：Flat vector LOGO of cat, minimal graphic, on a transparent white background, by Sagi Haviv, --no realistic photo detail shading（平面矢量化的猫形 LOGO，简约图形，透明白色背景，由 Sagi Haviv 设计，-- 无现实照片细节阴影），如图 6-9 所示。

图 6-9

04 按 Enter 键，即可生成 4 张相应的 LOGO 图片，生成效果如图 6-10 所示。

图 6-10

6.2.3 字母 LOGO

字母 LOGO 通常基于单个字母或字母组合，并进行相应的创意变化。通常品牌缩写是由几个字母组成的，可 Midjourney 无法生成字母，但是它可以生成单个单词。

下面以字母 J 做一款字母 LOGO。

01 启动 Discord，进入个人创建服务器页面。

02 单击聊天对话框，输入"/imagine"文生图指令，选择 Midjourney 机器人，如图 6-11 所示。

图 6-11

03 在指令框中输入英文提示词：Letter "J" LOGO, flat round typography, simple, on a transparent white background, by Steff Geissbuhler --no shading detail photo realistic colors outline（字母 J 的标志，扁平圆形排版，简约，透明白色背景，由 Steff Geissbuhler 设计，-- 无阴影细节照片逼真的色彩轮廓），如图 6-12 所示。

图 6-12

04 按 Enter 键确认，即可生成 4 张相应的 LOGO 图片，生成效果如图 6-13 所示。

图 6-13

6.2.4 几何 LOGO

几何 LOGO 通常采用抽象或简化的几何形状来塑造品牌形象，设计良好的几何 LOGO 能传达出丰富的信息，并让人印象深刻，具体操作如下。

01 启动 Discord，进入个人创建服务器页面。

02 单击聊天对话框，输入"/imagine"文生图指令，选择 Midjourney 机器人，如图 6-14 所示。

图 6-14

03 在指令框中输入英文提示词：Flat geometric vector graphic LOGO of a cat, grayscale, simple, by Paul Rand, on a transparent white background, --no realistic photo detail shading（平面几何矢量猫图形 LOGO，灰度，简约，由 Paul Rand 设计，透明白色背景，-- 无现实照片细节阴影），如图 6-15 所示。

图 6-15

04 按 Enter 键确认，即可生成 4 张相应的 LOGO 图片，生成效果如图 6-16 所示。

图 6-16

6.2.5 游戏 LOGO

通过 Midjourney 我们也可以生成游戏风格图标的 LOGO，通过提示词生成一组干净、现代游戏图标，具体操作如下。

01 启动 Discord，进入个人创建服务器页面。

02 单击聊天对话框，输入"/imagine"文生图指令，选择 Midjourney 机器人，如图 6-17 所示。

图 6-17

03 在指令框中输入英文提示词：LOGO of an cat with trident, emblem, aggressive, graphic（猫的标志与三叉戟，徽章，侵略性，图形），如图 6-18 所示。

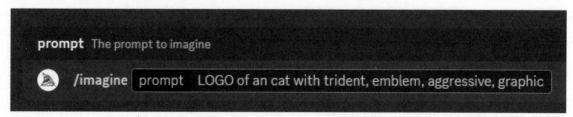

图 6-18

04 按 Enter 键确认，即可生成 4 张相应的 LOGO 图片，生成效果如图 6-19 所示。

图 6-19

6.3 Midjourney 海报设计

海报设计是在应用计算机平面设计技术的基础上，随着广告业的发展而形成的一个新兴行业。它是一种视觉交流的形式，需要具有很强的吸引力，能在几秒钟内吸引人们的注意力，使他们得到即时的刺激。这些都要求设计师将图片、色彩、空间等所有元素完美结合，同时以独特的创意形式将这些信息传达给人们。本节我们将使用 AI 来制作海报画面。

6.3.1 节日海报

中秋节正当农业丰收的季节，月饼和瓜果既是祭神媒介，也是人们庆祝丰收美好心情的具体象征。

1. 插画类

本实战将使用 AI 生成一幅具有中秋元素的插画来制作海报画面，具体操作如下。

01 启动 Discord，进入个人创建服务器页面。

02 单击聊天对话框，输入"/imagine"文生图指令，选择 Niji journey 机器人，如图 6-20 所示。

图 6-20

03 在指令框中输入英文提示词：Mid-Autumn Festival, a lovely fairy, dressed in ancient Chinese clothes, and a rabbit playing beside the girl, moon cakes, auspicious clouds, behind a huge moon, warm colors, abstract pictures, surrealism, Pixar style, 3D effects, Disney style, clear outline light, edge light, tantasy, spot light, 8K --ar 3:4 --s 180（中秋节，穿着中国古代服饰的可爱仙女，在和一只兔子玩耍，月饼，吉祥的云彩，背景有巨大的月亮，暖色调，抽象图片，超现实主义，皮克斯风格，3D 效果，迪士尼风格，清晰的轮廓光，边缘光，诱人，聚光灯，8K，图片比例为 3:4，风格化为 180），如图 6-21 所示。

图 6-21

04 按 Enter 键确认，选择一张满意的图片进行放大，效果如图 6-22 所示。

05 单击图片下方 ⬆ 按钮，将图片进行向上拓展，如图 6-23 所示。

图 6-22   图 6-23

06 拓展效果如图 6-24 所示。

07 将拓展的图片保存并导入 Photoshop 中调整，去除多余的元素，添加文字信息，进行排版设计，最终效果如图 6-25 所示。

图 6-24   图 6-25

2. 摄影类

中式题材非常适合中秋节这样的传统佳节，颜色简约，留白较多，韵味十足。本实战将使用创作写真类来生成海报画面，具体操作如下。

01 启动 Discord，进入个人创建服务器页面。

02 单击聊天对话框，输入 "/imagine" 文生图指令，选择 Midjourney 机器人，如图 6-26 所示。

图 6-26

03 在指令框中输入英文提示词：A woman in Hanfu flew in the sky, Behind it is a huge bright moon, Song Dynasty Gongbi landscape painting, rendered in cinema4d, organic flowing form, lunar surface, light yellow and white, wavy resin sheet --ar 3:4（一个穿着汉服的女子在天空中飞翔，背景是一轮巨大的明月，宋代工笔山水画，在 cinema4d 中渲染，流动的形式，月球表面，浅黄色和白色，波浪形状的树脂材料，图片比例为 3:4），如图 6-27 所示。

图 6-27

04 按 Enter 键，选择一张满意的图片进行放大，这里选择图四，单击 U4 按钮进行放大，如图 6-28 所示。

图 6-28

05 放大后，单击 ⬆ 按钮，对图像进行向上拓展，如图 6-29 所示。

06 生成拓展效果如图 6-30 所示。

图 6-29

图 6-30

07 保存图片并进入 Photoshop 中调整后，再进行调色排版、添加文字信息等，最终效果如图 6-31 所示。

图 6-31

6.3.2 运营海报

品牌在营销和传播推广过程中，海报是所有广告人绕不开的话题，既要突出卖点，还要抓人眼球，本实战将使用 AI 生成一张温馨画面的运营海报，具体操作如下。

01 启动 Discord，进入个人创建服务器页面。

02 单击聊天对话框，输入 "/imagine" 文生图指令，选择 Niji journey 机器人，如图 6-32 所示。

图 6-32

03 在指令框中输入英文提示词：Make a cartoon render poster of girl in Leaning back on a warm couch in my pajamas, cuddling a stuffed animal, The whole body, smiling, soft carpet, sunlight in the room, pixar, IP, Blind Box, Clay Action Material, Soft Colors, Studio Lighting, Front View, Octane Rendering, Blender, Super Graphics, Ultra HD, 8K, Vivid Brushstrokes --ar 9:16 --s 180（制作卡通女孩渲染海报，穿着睡衣靠在温暖的沙发上，拥抱毛绒玩具，全身，微笑，柔软的地毯，房间里的阳光，皮克斯，IP，盲盒，粘土材料，柔和的色彩，工作室照明，前视图，辛烷值渲染，搅拌机，超级图形，超高清，8K，生动的笔触，图片比例为 9:16，风格化为 180），如图 6-33 所示。

图 6-33

04 按 Enter 键，在生成的 4 张图片中，选择一张满意的图片进行放大，效果如图 6-34 所示。

05 单击图片下方的 "Zoom Out 2x" 按钮，对图像向外进行两倍拓展，如图 6-35 所示。

图 6-34　　　　　　　　　　　　　　　　　　图 6-35

06 拓展效果如图 6-36 所示。

07 保存图片并进入 Photoshop 中调整，去除多余的元素，如图中的第三只脚。再进行调色排版、添加文字信息等，最终效果如图 6-37 所示。

图 6-36　　　　　　　　　　　　　　　　　图 6-37

6.3.3　创意海报

现如今，海报被运用到各方面，出现的形式往往是一张抓人眼球、充满设计感的图片，加上一句言简意赅、引人深思的话。本实战将使用 AI 生成一张具有创意性的海报画面，具体操作如下。

01 启动 Discord，进入个人创建服务器页面。

02 单击聊天对话框，输入"/imagine"文生图指令，选择 Midjourney 机器人，如图 6-38 所示。

图 6-38

03 在指令框中输入英文提示词：A strawberries-shaped container, Single large strawberry, ocean world sunny beach, milky clouds, OC rendering ultra-fine, ultra-realistic, ultra-detailed, C4D, behance, hyper-realism --ar 3:4（草莓形状的容器，海洋世界阳光明媚的海滩，乳白色的云彩，OC 渲染超精细，超现实，超细节，C4D，观赏性，超现实主义，图片比例为 3:4），如图 6-39 所示。

图 6-39

04 按 Enter 键，在生成的如图 6-40 所示的 4 张图片中，选择一张满意的图片进行放大，放大效果如图 6-41 所示。

图 6-40　　　　　　　　　　　　　图 6-41

05 保存图片并进入 Photoshop 中调整，去除多余的元素，添加文字信息，进行排版设计，最终效果如图 6-42 所示。

图 6-42

6.4
AI 用户界面设计

AI 用户界面设计旨在创造直观、高效和美观的界面，让用户轻松使用产品。它涵盖了布局、色彩、字体等视觉元素，以提供最佳用户体验。

6.4.1　弹窗设计

弹窗是 App 中一种常见的交互方式，具有"传递信息"和"获取反馈"两大功能，同时还具有通知、警告的作用，往往会中断用户正常操作，用户必须对弹窗进行回应，才能继续其他任务。

1. 火箭图标弹窗

本实战将制作活动弹窗，使用 Midjourney 来生成主要图案，再进入 Photoshop 中排版设计，以最高效率设计出满意的弹窗。

01　启动 Discord，进入个人创建服务器页面。

02　单击聊天对话框，输入"/imagine"文生图指令，选择 Niji journey 机器人，如图 6-43 所示。

图 6-43

03　在指令框中输入英文提示词：A rocket 3d icon, cute shape, minimalism, purple blue, white background, surrealism, matte --s 180（火箭 3d 图标，形状可爱，极简主义，紫蓝色，白色背景，超现实，哑光，风格化为 180），如图 6-44 所示。

图 6-44

04　按 Enter 键，即可生成 4 张相应的图片，生成效果如图 6-45 所示。

图 6-45

05 选择其中一张保存，进入 Photoshop 中调整修改，如图 6-46 所示。

06 调整后抠取图标，增加文字信息，进行排版设计，最终效果如图 6-47 所示。

图 6-46   图 6-47

07 还可以替换提示词的主体，将"火箭"（rocket）换成"礼物"（gift），如图 6-48 所示。

图 6-48

08 最终效果如图 6-49 所示。

图 6-49

2. 人物图标弹窗

本实战将使用 Midjourney、Stable Diffusion 与 Photoshop 结合制作人物图标弹窗。

01 启动 Discord，进入个人创建服务器页面。

02 单击聊天对话框，输入"/imagine"文生图指令，选择 Midjourney 机器人，如图 6-50 所示。

图 6-50

03 在指令框中输入英文提示词：A small child is doing sports outdoors, sneakers, summer forest, with Notion - inspired icons, in a 2D style, with simple shapes, flat colors, and white background（一个在户外运动的小男孩，运动鞋，夏季森林，带有概念灵感的图标，2D 风格，简单的形状，平面颜色和白色背景），如图 6-51 所示。

图 6-51

04 按 Enter 键确认，即可生成 4 张相应的图片，如图 6-52 所示。

图 6-52

05 选择一张合适的图片放大并保存，如图 6-53 所示。图片背景元素复杂，进入 Photoshop 中去除多余的元素，如图 6-54 所示。

图 6-53

图 6-54

06 启动 Stable Diffusion，在面板上方选择 Stable Diffusion 模型，单击 ▼ 按钮，在下拉列表中选择"Rev Animated_v122EOL"模型，如图 6-55 所示。

07 选择面板上方的"外挂 VEA 模型"，单击 ▼ 按钮，在下拉列表中选择"chilloutmix_NiPrunedFp32Fix.vae.ckpt"模型，如图 6-56 所示。

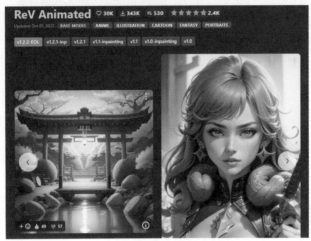

图 6-55　　　　　　　　　　　　　　　　图 6-56

08 在正向提示词文本框中输入一段提示词：A small child is doing sports outdoors, sneakers, summer forest, (simple background:1.1), forest, summer day, sunlight, full body, chibi, <lora:blindbox_v1_mix:1>, (masterpiece:1.2), best quality, masterpiece, highres, extremely detailed wallpaper, perfect lighting, 3D rendering, blender rendering ,3d, drawing, paintbrush, floral（一个在户外运动的小男孩，运动鞋，夏季森林，简单背景，森林，夏天，阳光，全身，赤壁，lora：Blindbox_v1_mix：1，最好的质量，杰作，高分辨率，细致的壁纸，完美的灯光，3D 渲染，搅拌器渲染，3D，绘图，画笔，花朵）。

09 在下面一栏的反向提示词文本框中输入提示词：EasyNegative, complex background, (low quality:1.3), (worst quality:1.3)，如图 6-57 所示。

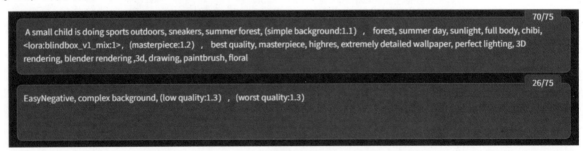

图 6-57

10 在正向提示词中添加 Lora 模型，单击"显示 / 隐藏扩展模型"按钮 ▥ ，如图 6-58 所示。选择 Lora 面板，找到下载好的 Lora 模型，单击模型即可进行使用，如图 6-59 所示。

图 6-58　　　　　　　　　　　　　　　　图 6-59

　提示：Lora 模型为"blindbox_v1"，如图 6-60 所示。

图 6-60

⑪ 其他参数设置如图 6-61 所示。

图 6-61

⑫ 打开 ControlNet 插件，单击"ControlNet Unit0"按钮上传图片，设置"预处理器"为 Canny，"模型"为 "control_v11p_sd15_"，调整其他参数后单击"爆炸"按钮⯐，如图 6-62 所示。

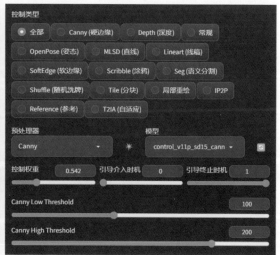

图 6-62

⑬ 单击左上角的"Controlnet Unit 1"按钮，参数设置如图 6-63 所示。

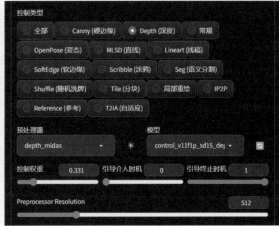

图 6-63

14 单击左上角的"Controlnet Unit 2"按钮，参数设置如图 6-64 所示。

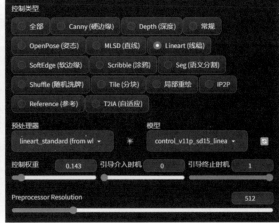

图 6-64

15 参数调整完成后，单击"生成"按钮，最终 3D 效果如图 6-65 所示。

16 将生成的图像保存并进入 Photoshop 中调整，抠除多余的背景元素，如图 6-66 所示。

图 6-65   图 6-66

17 最后将合适的图像导入 Photoshop 中加入文字信息，进行排版设计，效果如图 6-67 所示。

图 6-67

6.4.2　Banner 设计

在 Banner 设计中，通常希望设计中能够展示自己公司的技术和创新方面的实力。那么 3D 视觉效果可以赋予设计更高的专业感和现代感，也更加能够吸引观众的眼球，让设计在竞争中脱颖而出。如果想要制作 3D 的视觉效果图，一般需要使用建模和渲染来完成，时间成本高，难度也大。下面让 Midjourney 来辅助完成这种棘手的需求，具体操作如下。

1. 生成背景图

Banner 图由主视觉和背景两大块组成，我们可以分为两次生成，再进行组合调整。

01 找到一张参考图，如图 6-68 所示。

图 6-68

02 启动 Photoshop，导入参考图片，使用"矩形选框工具"□将主体物框选，执行"窗口"|"上下文任务栏"命令，在文本框中输入"删除"后单击"生成"按钮，移除主体部分，如图 6-69 所示，得到一张干净的背景图片，如图 6-70 所示。

03 再执行"文件"|"导出"命令，将背景图导出并保存图片。

图 6-69　　　　　　　　　　　　　　　　　图 6-70

04 启动 Discord，在 Midjourney 中单击对话框选择"/describe"命令，将移除好的背景素材图上传，如图 6-71 所示。

05 按 Enter 键确认，即可生成 4 组相应的提示词，选择一组作为接下来的提示词，如图 6-72 所示。

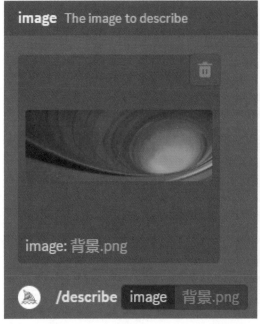

图 6-71　　　　　　　　　　　　　　　　　图 6-72

注意：如果直接选择一组提示词来进行生成背景图，得到的图如图 6-73 所示，与参考图相差甚远，我们可以添加参考图片链接和增加"--iw"后缀参数，提高图片的相似度。

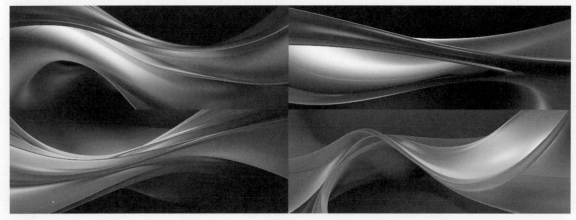

图 6-73

06 在刚发送完成的素材图片中，右击图片，在弹出的快捷菜单中选择"复制链接"选项，如图 6-74 所示。

图 6-74

07 单击聊天对话框，输入"/imagine"文生图指令，选择 Midjourney 机器人，如图 6-75 所示。

图 6-75

08 在指令框中输入刚才复制的链接与生成的提示词：https://s.mj.run/9UXcwVjQmpM A blue gradient that stretches on the screen, in the style of spirals and curves, chiaroscuro lighting, precisionism influence, gutai group, realistic depiction of light, precisionist lines, realistic chiaroscuro lighting --ar 64:23 --iw 2（复制链接，屏幕上延伸的蓝色渐变，以螺旋和曲线的风格，明暗对比照明，精密主义影响，古泰集团，对光线的逼真描绘，精密的线条，逼真的明暗对比灯光，图片比例为 64:23，图片参考权重为 2），如图 6-76 所示。

图 6-76

09 生成效果如图 6-77 所示。

图 6-77

10 不是一次就能生成满意的效果图，可进行多次生成和调整，直到出现满意的效果背景图，这里选择第三张图片，单击 U3 按钮放大图片，再单击"Zoom Out 1.5x"按钮对图片进行 1.5 倍向外拓展，如图 6-78 所示。

⓫ 拓展完成后选择满意的一张按下对应的 U 按钮放大后，再右击选择保存图片，拓展效果如图 6-79 所示。

图 6-78

图 6-79

⓬ 打开 Photoshop，执行"文件"|"新建"命令，新建一个 65cm×20cm、分辨率为 150 大小的画布，将生成好的图片导入 Photoshop 中调整，调整效果如图 6-80 所示。

图 6-80

2. 生成主体物

接下来生成 3D 图标元素。3D 主视觉我们采用文生图的方式制作，提示词公式可以使用主体内容（元素、物品、动作…）+ 环境描述（光线、构图、视角…）+ 艺术风格（3D、像素、吉卜力…）+ 构图镜头（特写、广角、前景…）+ 图像设定（渲染器、高清、精度…）。

⓵ 在 Midjourney 面板中单击聊天框，使用"/imagine"指令，选择 Midjourney 机器人，在指令框中输入英文提示词：A 3D cube icon, in the style of white and blue, translucent glass material, macro photography, emitting cyan fluorescent light --ar 3:4（一个 3D 立方体图标，白色和蓝色风格，半透明玻璃材质，微距拍摄，发出青色荧光，图片比例为 3:4），如图 6-81 所示。

图 6-81

⓶ 按 Enter 键确认，得到 4 张 3D 效果图，如图 6-82 所示。

⓷ 选择其中一张满意的效果图进行放大并保存，导入 Photoshop 中，将其抠取为透明背景，如图 6-83 所示。

图 6-82　　　　　　　　　　　　　　　　　　　　图 6-83

04 将所有生成的素材导入 Photoshop 中进行融合设计，删除多余部分，调整色调，修改图片比例，添加文字等，最终效果如图 6-84 所示。

图 6-84

6.4.3　游戏界面设计

　　游戏类 App 在整个 App 市场中，毋庸置疑是最受欢迎的，不管是来自工作中还是生活中的压力，在游戏过程中都能在一定程度上得以释放，放松心情。尤其是"让玩家在休息和闲暇时间游玩"的休闲类游戏，正在迅速占领 App 市场下载排行榜。

　　各直播和游戏等场景中，小图标是一种非常常见的设计元素，例如用于表示虚拟礼物的小图标，结合一些简单的动画效果，就能实现愉悦的互动体验。

　　1. 生成 3D 图标

　　我们需要先来生成一些 3D 图标道具，具体操作如下。

01 启动 Discord，生成的图标需要使用"Cute Style"模式，选择 Niji journey 机器人，使用"/settings"指令，单击"Cute Style"按钮，如图 6-85 所示。

图 6-85

02 在 Midjourney 面板中单击聊天框，使用 "/imagine" 指令，选择 Niji journey 机器人，在指令框中输入英文提示词: Some very cute magic medicine water bottle props, game props, icon, rich colors, clay materials, lightweight, textures, C4D, OC rendering, solid background --s 400（一些非常可爱的神奇药水瓶道具，游戏道具，图标，丰富的色彩，粘土材料，轻质，纹理，C4D，OC 渲染，纯色背景，风格化为 400），如图 6-86 所示。

图 6-86

03 按 Enter 键确认，得到 4 张效果图，如图 6-87 所示。

04 单击 U3 按钮，将图三进行放大，如图 6-88 所示。

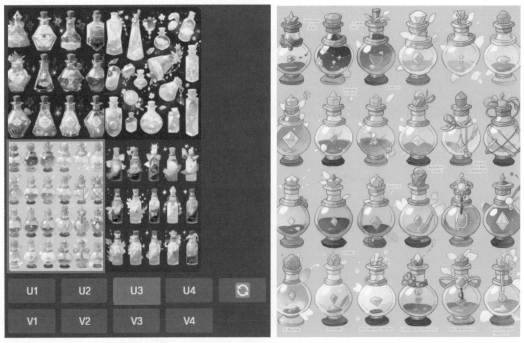

图 6-87   图 6-88

05 右击图片，在弹出的快捷菜单中选择 "复制链接" 选项，如图 6-89 所示。

图 6-89

06 接下来需要使用 Midjourney Bot 模式来增强图标的质感，将图 6-89 复制的链接 + 提示词再次生成，如图 6-90 所示。

图 6-90

07 生成效果如图 6-91 所示。

图 6-91

2. 生成背景图

接下来我们开始生成背景图，具体操作如下。

01 启动 Photoshop，单击"新文件"按钮，创建一个 872 像素 ×1634 像素、分辨率为 100 的画布，简单绘出背景物大概的位置，如图 6-92 所示。

02 完成后将绘好的草图上传到 Midjourney 中并将链接复制。

03 回到 Midjourney 面板中单击聊天框中的 ⊕ 按钮选择上传文件，发送后右击图片复制链接。

图 6-92

04 在 Midjourney 面板中单击聊天框，使用 "/imagine" 指令，选择 Niji journey 机器人，在指令框中输入复制的链接和英文提示词：https://s.mj.run/rLOxdHWodwQ A very cute small witch's cauldron scene, simple, rich colors, clay material, lightweight, textures, C4D,OC rendering, solid background --s 400 --ar 3:5（复制链接，一个非常可爱的女巫大锅场景，简单，丰富的色彩，粘土材料，轻量级，纹理，C4D，OC 渲染，纯色背景，风格化为 400），如图 6-93 所示。

图 6-93

05 生成效果如图 6-94 所示，再次将该图片链接复制。

图 6-94

06 增强画面质感，制作 3D 立体效果，将图 6-94 的图片链接 + 原提示词使用 Midjourney Bot 重新生成，如图 6-95 所示。

图 6-95

07 生成效果如图 6-96 所示。

08 将生成的素材图片全部导入 Photoshop 中，调整尺寸和摆放位置，如图 6-97 所示。

图 6-96　　　　　　　　　图 6-97

09 将生成的神奇药水瓶导入 Photoshop 中抠取为透明背景，如图 6-98 所示

10 进行排版、调整大小等，最终效果如图 6-99 所示。

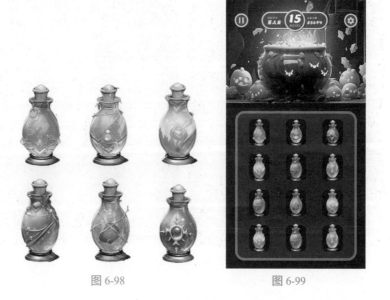

图 6-98　　　　　　　　　图 6-99

6.4.4 App UI 设计

当前，各种 App 应用层出不穷，App 应用被大致分为几大类：系统工具、影音娱乐、网页浏览、办公阅读、社交通信、生活百科、购物缴费。每个大类下又包含众多小类别，其中一些应用软件功能类似，但都在设计与使用上有差异，根据个人的喜好我们能挑选适合自己的 App 软件。

一个 App 想要吸引并留住客户，美观、实用、简便的用户界面设计是其重要的一环。

Midjourney 中没有固定的 Prompt（指令）来生成某种 App，具体想要什么样的效果需要多多尝试。如果没想好要输入的指令，我们可以先用这个指令模板：

UI design for（类型）Application , iPhone, iOS, Apple Design Award, screenshot, single screen, high resolution, dribbble App

把里面的类型替换成你想设计的产品的关键词（英文），就能生成想要的 UI 设计图。来看几个范例。

1. 手机——出行类

关键词：[距离、车费、费用结算、优惠金额、地图] 等。

01 启动 Discord，进入个人创建服务器页面。

02 单击聊天对话框，输入"/imagine"文生图指令，选择 Midjourney 机器人，如图 6-100 所示。

图 6-100

03 在指令框中输入英文提示词：UI design for trip Application, Distance, fare, fee settlement, discount amount, map, Multiple interfaces, iPhone, iOS, Apple Design Award, screenshot, single screen, high resolution, dribbble App --ar 3:4（UI 旅行应用程序，距离，票价，费用结算，折扣金额，地图，多界面，iPhone，iOS，苹果设计奖，屏幕截图，单屏，高分辨率，dribbble 应用程序，图片比例为 3:4），效果如图 6-101 和图 6-102 所示。

图 6-101

图 6-102

2. 手机——餐饮类

关键词：[介绍咖啡的特色、口味、咖啡豆产地、价格] 等。

01 启动 Discord，进入个人创建服务器页面。

02 单击聊天对话框，输入"/imagine"文生图指令，选择 Midjourney 机器人，如图 6-103 所示。

图 6-103

03 在指令框中输入英文提示词：UI design for coffee Application, Introduction of coffee characteristics, flavors, coffee bean origins, and prices, iPhone, iOS, Apple Design Award, screenshot, multi-screen, high resolution, dribbble App --ar 3:4（UI 咖啡应用程序，介绍咖啡特色、口味、咖啡豆产地、价格，iPhone，iOS，苹果设计奖，屏幕截图，多屏，高分辨率，dribbble 应用程序，图片比例为 3:4），效果如图 6-104 和图 6-105 所示。

图 6-104

图 6-105

3. 手表——运动类

关键词：[卡路里、步数、距离、某种运动] 等。

01 启动 Discord，进入个人创建服务器页面。

02 单击聊天对话框，输入"/imagine"文生图指令，选择 Midjourney 机器人，如图 6-106 所示。

图 6-106

03 在指令框中输入英文提示词：An iWatch App ui about an App for fitness exercise, Calories, steps, distance, aerobic exercise, watchOS, iOS, Apple Design Award, screenshot, single screen, high resolution --ar 3:4（UI 苹果手表应用程序，关于健身运动、卡路里、步数、距离、有氧运动、watchOS、iOS、苹果设计奖、截图、单屏、高分辨率的应用程序，图片比例为 3:4），效果如图 6-107 和图 6-108 所示。

图 6-107

图 6-108

4. 平板——美食类

[01] 启动 Discord，进入个人创建服务器页面。

[02] 单击聊天对话框，输入"/imagine"文生图指令，选择 Midjourney 机器人，如图 6-109 所示。

图 6-109

[03] 在指令框中输入英文提示词：A tablet UI, an e-commerce website about a gourmet product, with a minimal design, white background, yellow and white color scheme, and food illustrations for a delicious atmosphere, tablet UI design --ar 4:3（一个平板电脑 UI，关于美食产品的电子商务网站，采用极简设计、白色背景、黄白配色方案和美食插图，营造出美味的氛围，平板电脑 UI 设计，图片比例为 4:3），效果如图 6-110 和图 6-111 所示。

图 6-110

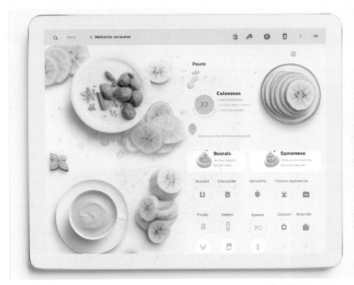

图 6-111

6.4.5 Web UI 设计

Web UI 指的是"网络产品界面设计",设计范围包括常见的网站设计(如电商网站、社交网站)、网络软件设计(如邮箱、Saas 产品)等。Web UI 注重人与网站的互动和体验,以人为中心进行设计,本实战将运用 AI 设计出背景画面,具体操作如下。

01 启动 Discord,进入个人创建服务器页面。

02 单击聊天对话框,输入"/imagine"文生图指令,选择 Midjourney 机器人,如图 6-112 所示。

图 6-112

03 在指令框中输入英文提示词: Isometric networked computer 3D, models, geometric 3D renderings of futuristic urban buildings, light gray and blue clean coarse texture, in the style of cloud core, graphic design-inspired illustrations, personal, iconography, RTX, neo-academism, streamlined forms, Euclid's Elements --s 250 --ar 4:3(网络计算机 3D 模型,未来感城市建筑,几何 3D 效果,等距,干净的,浅灰色和蓝色,毛玻璃质感,采用云核风格,受平面设计启发的插图,浅灰色和蓝色,个人图标,RTX,新学院派,流线型形式,几何体,风格化为 250,图片比例为 4:3),如图 6-113 所示。

图 6-113

04 按 Enter 键,生成的 4 张图片,如图 6-114 所示。

05 选择一张满意的图片进行放大,单击图片下方"Zoom Out 1.5x"按钮向外进行 1.5 倍拓展,如图 6-115 所示。拓展完成效果如图 6-116 所示。

图 6-114

图 6-115

图 6-116

06 将生成的图片导入 Photoshop 中进行调整，添加文字信息，进行排版设计，最终效果如图 6-117 所示。

图 6-117

6.5
Stable Diffusion 字体设计

字体作为信息传达的基础，在目前整个设计领域应用都甚为宽广，如 LOGO、创意广告、电视包装、H5 标题、海报等，可以说有标题的地方就有字体设计。作为一个设计师，这可以说是必备技能，没有之一。

6.5.1 毛毡字体设计

本实战主要将字体增加毛毡效果，让字体看起来更加可爱，具体操作如下。

▣1 准备一张可爱风格的白底黑字的素材图片，如图 6-118 所示。

图 6-118

▣2 启动 Stable Diffusion，在面板上方选择 Stable Diffusion 模型，单击▼按钮，在下拉列表中选择"Rev Animated_v122EOL"模型，如图 6-119 所示。

▣3 选择面板上方的"外挂 VEA 模型"，单击▼按钮，在下拉列表中选择"vae-ft-mse-840000-ema-pruned. safetensors"模型，如图 6-120 所示。

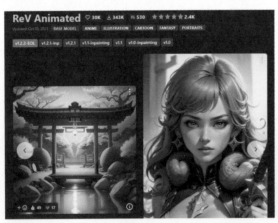

图 6-119

图 6-120

▣4 进入"文生图"面板，在正向提示词文本框中输入一段提示词：Felt style, cute, colored, wool material, made yarn, Light and clean background, C4D style, 3D rendering（毛毡风格，可爱，彩色，羊毛材质，纱线制作，明亮干净的背景，C4D 风格，3D 效果图）。

▣5 在下面一栏的反向提示词文本框中输入提示词：Lowers, worst quality, low quality, normal quality jpeg artifacts, signature, watermark, blurry，如图 6-121 所示。

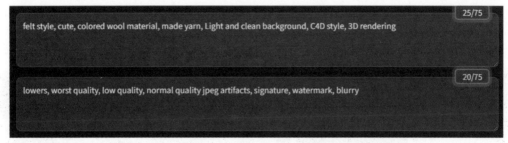

图 6-121

06 单击"显示/隐藏扩展模型"按钮■，选择 LoRA 面板，将 symaozhan Lora 模型放入正向提示词中，权重改
为 0.5，如图 6-122 所示。

图 6-122

提示：Lora 模型为 symaozhan，如图 6-123 所示。

图 6-123

07 其他参数的设置如图 6-124 所示。

图 6-124

08 打开 ControlNet 插件，单击"ControlNet Unit0"按钮上传图片，设置"预处理器"为"invert (from white bg & black line)"、"模型"为"control_v11f1e_sd15_tile [a371b31b]"，调整其他参数后，单击"爆炸"按钮█，参数设置如图 6-125 所示。

图 6-125

09 所有参数调整完成后，单击"生成"按钮，最终字体生成效果如图 6-126 所示。

图 6-126

6.5.2 "乘风破浪"字体设计

本实战将制作一张"乘风破浪"字体在波涛汹涌的海面画面，具体操作如下。

01 准备一张蓝底白字的素材图片，如图 6-127 所示。

图 6-127

02 启动 Stable Diffusion，进入"文生图"面板，在正向提示词文本框中输入一段提示词：wide sea, long shot, bird's-eye view, wave, masterpiece, realistic, 8K（广阔的海，长镜头，鸟瞰图，波浪，杰作，现实，8K）。

03 在下面一栏的反向提示词文本框中输入提示词：White background, simple background，如图 6-128 所示。

图 6-128

04 在面板上方选择 Stable Diffusion 模型，单击■按钮，在下拉列表中选择"Rev Animated_v122EOL"模型，如图 6-129 所示。

05 选择面板上方的"外挂 VEA 模型"，单击■按钮，在下拉列表中选择"chilloutmix_NiPrunedFp32Fix.vae.ckpt"模型，如图 6-130 所示。

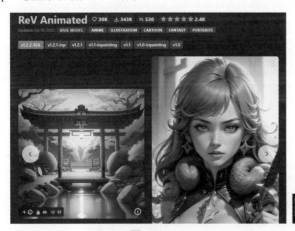

图 6-129

图 6-130

06 其他参数的设置如图 6-131 所示。

图 6-131

07 打开 ControlNet 插件，单击"ControlNet Unit0"按钮上传图片，调整参数后单击"爆炸"按钮■，参数设置如图 6-132 所示。

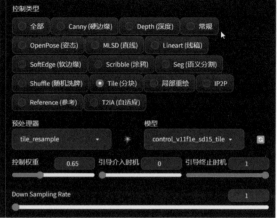

图 6-132

08 所有参数调整完成后，单击"生成"按钮，最终字体生成效果如图 6-133 所示。

图 6-133

6.5.3 "龙"字体设计

本实战将为"龙"进行字体设计，添加画面，具体操作如下。

01 需要准备一张"龙"字的素材图片，如图 6-134 所示。

图 6-134

02 启动 Stable Diffusion，在面板上方选择 Stable Diffusion 模型，单击■按钮，在下拉列表中选择"Rev Animated_v122EOL"模型，如图 6-135 所示。

03 选择面板上方的"外挂 VEA 模型"，单击■按钮，在下拉列表中选择"vae-ft-mse-840000-ema-pruned.safetensors"模型，如图 6-136 所示。

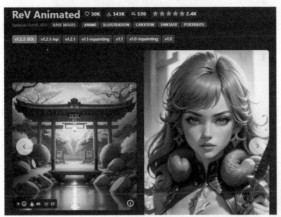

图 6-135　　　　　　　　　　　　　　图 6-136

04 在正向提示词中添加 Lora 模型，单击"显示/隐藏扩展模型"按钮■，如图 6-137 所示。选择 LoRA 面板，找到下载好的 Lora 模型，单击模型即可进行使用，如图 6-138 所示。

图 6-137　　　　　　　　　　　　　　图 6-138

　　提示：Lora 模型为 Real dragons 真实龙，如图 6-139 所示。

图 6-139

05 进入"文生图"面板，在正向提示词文本框中输入一段提示词：Golden dragon scale, A faucet, Golden soaring dragon, The whole body is golden, The golden dragon flew up from the water and created huge waves, Unique perspective, Light and shade contrast, Pure background, Lifelike, Exquisite, Close-up, Depth of field, 8K <lora:dragon_real_base_V1:1>（金龙鳞片，水龙头，金色飞龙，通体金黄，金龙从水中飞起，掀起巨浪，独特的视角，明暗对比，干净的背景，栩栩如生，精致，特写，景深，8K）。

06 在下面一栏的反向提示词文本框中输入提示词：on black, low quality, pure background, general background，

如图 6-140 所示。

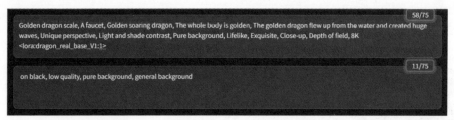

图 6-140

07 其他参数的设置如图 6-141 所示。

图 6-141

08 打开 ControlNet 插件，单击"ControlNet Unit0"按钮上传图片，调整参数后单击"爆炸"按钮█，参数设置如图 6-142 所示。

图 6-142

09 所有参数调整完成后，单击"生成"按钮，最终字体生成效果如图 6-143 所示。

图 6-143

6.6
Midjourney 包装设计

利用 AI 绘画设计商品包装和广告是十分高效的一种方式。AI 绘画可以根据提示词，提前展示商品的成果图，不仅可以给予设计师灵感，还能极大减少试错成本。

6.6.1　月饼礼盒包装

简单的生成结果可能并不能满足实际的工作需求，一般来讲工作需求会更加定制化。假如你想新推出一款新的月饼礼盒，目前市面上的月饼礼盒样式非常多，想要获得不同的灵感和竞争力。通过 Midjourney 能够给你很好的参考，具体操作如下。

01 启动 Discord，进入个人创建服务器页面。

02 单击聊天对话框，输入"/imagine"文生图指令，选择 Midjourney 机器人，如图 6-144 所示。

图 6-144

03 在指令框中输入英文提示词：Two boxed boxes with chinese paper labels, in the style of warm color palette, editorial illustrations, made of cheese, symmetrical asymmetry, golden age ilustrations --s 250（两个装有中文纸标签的盒子，风格为暖色调，编辑插图，奶酪制成，对称不对称，黄金时代插图，风格化为 250），效果如图 6-145 和图 6-146 所示。

图 6-145

图 6-146

6.6.2　宠物零食包装

　　目前市面上宠物食品的推出越来越多样化，同样可以通过 Midjourney 带给你很好的参考，写入自己想要的元素，体现出产品特点，激发灵感，减少试错成本，具体操作如下。

01 启动 Discord，进入个人创建服务器页面。

02 单击聊天对话框，输入"/imagine"文生图指令，选择 Midjourney 机器人，如图 6-147 所示。

图 6-147

03 在指令框中输入英文提示词：A pet snack packaging, packaging design, dried fish elements, sketch illustration style, attractive color matching, product photography, text arrangement, white background, super high precision, super details, focus, close-up, studio lighting, OC rendering, ultra high definition, 8K --s 250（一款宠物零食包装，包装设计，鱼干元素，素描插画风格，诱人的色彩搭配，产品摄影，文字排列，白色背景，超高精度，超级细节，对焦，特写，摄影棚灯光，OC 渲染，超高清，8K，风格化为 250），效果如图 6-148 和图 6-149 所示。

图 6-148

图 6-149

6.7 Midjourney 版式设计

版式设计是指设计人员根据设计主题和视觉需求，在预先设定的有限版面内，运用造型要素和形式原则，根据特定主题与内容的需要，将文字、图片（图形）及色彩等视觉传达信息要素，进行有组织、有目的的组合排列的设计行为与过程。

6.7.1 产品宣传单

本实战将生成关于葡萄酒介绍的宣传单，具体操作如下。

01 启动 Discord，进入个人创建服务器页面。

02 单击聊天对话框，输入"/imagine"文生图指令，选择 Midjourney 机器人，如图 6-150 所示。

图 6-150

03 在指令框中输入英文提示词：All wine business presentation templates with photos, in the style of light pink and dark beige, gothic influence, Scoutcore, Oku art, simple shapes, typography, idealized beauty --ar 128:85 --s 750（带有照片的葡萄酒介绍演示模板，浅粉色和深米色风格，哥特式影响，Scoutcore 网页，奥库艺术，简单的形状，排版，理想化的样式，图片比例为 128:85，风格化为 750），效果如图 6-151 和图 6-152 所示。

图 6-151

图 6-152

6.7.2　企业宣传册

本实战将生成高端大气商务风的企业宣传册，具体操作如下。

01 启动 Discord，进入个人创建服务器页面。

02 单击聊天对话框，输入"/imagine"文生图指令，选择 Midjourney 机器人，如图 6-153 所示。

图 6-153

03 在指令框中输入英文提示词：Construction corporate brochure, business style, hard lines, technical, professional, business, blue and white style, corporate presentation, high end, simple shapes, typography, idealized style --ar 128:85（建筑类企业宣传册，商务风格，硬朗的线条，技术，专业，业务，蓝色和白色风格，企业介绍，高端大气，简单的形状，排版，理想化的样式，图片比例为 128:85），效果如图 6-154 和图 6-155 所示。

图 6-154

图 6-155

第 7 章
AI 摄影与后期

目前 AI 绘画在图像生成领域取得了显著的突破，可以很好地生成摄影风格的照片，其生成的作品与专业摄影师的作品相比毫不逊色。使用 AI 进行摄影创作只需在提示词中加入专业摄影术语和想要的画面描述，即可生成相应风格的图片。这些术语包括相机类型、角度、焦距等，AI 可根据这些提示词生成各种主题和类型的摄影风格图片，满足用户的不同需求，并且能够理解并模仿摄影的构图、光线、色彩等要素，甚至能够创作出独特的视觉效果和艺术风格。

7.1
关于 AI 摄影与后期

从传统的摄影到数码摄影，再到现如今的 AI 生成式摄影图片的技术，给摄影领域带来了非常大的冲击与影响，在新应用和新趋势下，我们可以应用生成式 AI 完成各类摄影创作，如图 7-1 所示。

图 7-1

AIGC 技术不仅能够生成摄影图片，同时还能够进行摄影后期，对于抠图、合成图像非常方便。AIGC 能够生成非常逼真的场景，这大大节省了摄影后期制作的时间，同时也极大地提升了摄影后期制作效率和质量。

7.2
Midjourney 镜头焦距

镜头焦距是摄影中至关重要的参数，它决定了拍摄范围、视角大小和成像效果。短焦距镜头能拍摄广阔风景，展现宏大场面；长焦距镜头则能捕捉远处细节，实现人像特写。不同焦距的镜头为摄影师提供了多样化的拍摄方式和创作空间。

7.2.1 广角

广角摄影使用广角镜头捕捉广阔视野，适合风光、建筑和集体照，能产生透视效果和空间感，需注意构图简洁和主题突出。

01 启动 Discord，进入个人创建服务器页面。

02 单击聊天对话框，输入"/imagine"文生图指令，选择 Midjourney 机器人，如图 7-2 所示。

图 7-2

03 在指令框中输入英文提示词：Create a captivating landscape image captured with a wide-angle lens, showcasing the expansive view and the detailed foreground elements --ar 3:2（使用广角镜头拍摄一张迷人的风景图片，展现宽广的视野和前景元素的细节），效果如图 7-3 所示。

图 7-3

7.2.2 超广角

超广角镜头是一种摄影镜头，其视角超过一般广角镜头，能拍摄到更宽广的画面，常用于风光、建筑等摄影领域，以展现更开阔的视野。

01 启动 Discord，进入个人创建服务器页面。

02 单击聊天对话框，输入"/imagine"文生图指令，选择 Midjourney 机器人，如图 7-4 所示。

图 7-4

03 在指令框中输入英文提示词: Generate a photography image of a landscape captured with an ultra-wide angle lens, emphasizing the vastness of the sky and the foreground elements --ar 3:2（生成一张使用超广角镜头拍摄的风景摄影图片，强调天空的广阔和前景元素），效果如图 7-5 所示。

图 7-5

7.2.3　长焦

长焦镜头是指焦距较长的摄影镜头，能将远处景物拉近并产生景深小的效果，常用于特写或远距离拍摄，以及人像和风景摄影等领域。

01 启动 Discord，进入个人创建服务器页面。

02 单击聊天对话框，输入"/imagine"文生图指令，选择 Midjourney 机器人，如图 7-6 所示。

图 7-6

03 在指令框中输入英文提示词: Create a portrait of a person using a telephoto lens, with a shallow depth of field to isolate the subject from the background --ar 3:2（创建一张使用长焦镜头拍摄的人物肖像，利用浅景深来将主体从背景中分离出来），效果如图 7-7 所示。

图 7-7

7.2.4　鱼眼

鱼眼镜头是一种超广角摄影镜头，其焦距极短，视角接近或达到180°，因此能捕捉到比普通镜头更广阔的景象。这种镜头能产生强烈的畸变效果，使图像中的直线出现弯曲，为摄影作品带来奇幻而独特的视觉效果。

01 启动 Discord，进入个人创建服务器页面。

02 单击聊天对话框，输入"/imagine"文生图指令，选择 Midjourney 机器人，如图 7-8 所示。

图 7-8

03 在指令框中输入英文提示词：Capture the grandeur and uniqueness of a building with a fisheye lens, emphasizing the distortion and exaggerated curves of its lines to create a unique and imaginative architectural landscape --ar 2:3（使用鱼眼镜头捕捉建筑的宏伟与独特之处，通过强调线条的扭曲和夸张弯曲，打造出一个别具一格且充满创意的建筑景观），效果如图 7-9 所示。

图 7-9

7.3
Midjourney 摄影景别

摄影景别指的是由于摄影机与被摄体的距离不同，被摄体在摄影机寻像器中所呈现出的范围大小的区别。景别的划分通常包括全景、中景、近景和特写。每种景别都有其独特的功能和表现力，能够影响观众对画面的感知和情感投入。在摄影和影视作品中，景别的选择和运用对于表达主题、塑造人物、营造氛围等方面都起着至关重要的作用。

7.3.1 全景

全景摄影是指拍摄广阔场景的摄影方式，通过捕捉整个环境或场景，展现出完整、宏大的画面。常用于风光、建筑和大型活动等拍摄。

01 启动 Discord，进入个人创建服务器页面。

02 单击聊天对话框，输入"/imagine"文生图指令，选择 Midjourney 机器人，如图 7-10 所示。

图 7-10

03 在指令框中输入英文提示词：Generate a sweeping panoramic view of a mountain range, capturing the vastness of the landscape in its entirety, emphasizing the grandeur of nature --ar 3:2（生成一幅山脉的全景图，完整地捕捉广袤的风景，强调大自然的壮丽），效果如图 7-11 所示。

图 7-11

7.3.2　中景

中景摄影展现场景局部或人物半身或物体局部，平衡环境与主体，适合传达情节与动作，是常见的摄影构图方式。

01 启动 Discord，进入个人创建服务器页面。

02 单击聊天对话框，输入"/imagine"文生图指令，选择 Midjourney 机器人，如图 7-12 所示。

图 7-12

03 在指令框中输入英文提示词：Create a medium shot of a busy street scene, capturing the hustle and bustle of daily life, with pedestrians and vehicles in focus --ar 3:2（生成一幅繁忙街道的中景图，捕捉日常生活的喧嚣与活力，重点展示行人和车辆），效果如图 7-13 所示。

图 7-13

7.3.3　近景

近景主要表现人物胸部以上或物体局部的景别，主要用于通过面部表情刻画人物性格。在近景中，人物周围的环境变得次要，演员的面部表情则变得相当重要。

01 启动 Discord，进入个人创建服务器页面。

02 单击聊天对话框，输入 "/imagine" 文生图指令，选择 Midjourney 机器人，如图 7-14 所示。

图 7-14

03 在指令框中输入英文提示词：Render a portrait shot of a person's face, emphasizing their expression and emotional depth --ar 3:2（生成人物面部的近景肖像摄影图片，强调其表情和情感深度），效果如图 7-15 所示。

图 7-15

7.3.4 特写

特写指用以细腻表现人物或被摄物体细部特征的一个景别，用以表达特定的情感、特殊的视点，起到强调和突出、夸张重要性的作用。

01 启动 Discord，进入个人创建服务器页面。

02 单击聊天对话框，输入 "/imagine" 文生图指令，选择 Midjourney 机器人，如图 7-16 所示。

图 7-16

03 在指令框中输入英文提示词：Render a captivating close-up of a jewelry piece, highlighting its intricate carvings and sparkling gemstones --ar 3:2（生成一幅迷人的珠宝特写图片，着重展现其精细的雕刻和闪耀的宝石），效果如图 7-17 所示。

图 7-17

7.4
AI 人像摄影

人像摄影是一种以拍摄人物为主体的摄影艺术形式，通过捕捉人物的形态、表情和情感，展现人物的特点和魅力。人像摄影需要注重构图、光线和细节处理，以获得最佳效果。本节介绍通过 AI 生成人像摄影的方法。

7.4.1 人像角度

角度是指在拍摄照片时所选择的相机视觉角度和拍摄位置，不同的拍摄角度可以为主体对象带来不同的视觉效果和表现形式。

1. 水平角度

水平角度摄影是一种平视角度的拍摄方式，强调平等、客观和亲切的视觉感受，适用于人物近景和特写以及建筑物拍摄。

01 启动 Discord，进入个人创建服务器页面。

02 单击聊天对话框，输入"/imagine"文生图指令，选择 Midjourney 机器人，如图 7-18 所示。

图 7-18

03 在指令框中输入英文提示词：Horizontal angle, beautiful little girl in the garden（水平角度，花园里美丽的小姑娘），效果如图 7-19 所示。

图 7-19

2. 低角度

低角度拍摄即采用仰望的视角，通过高低大小的对比，突出拍摄主体的高大。高楼也比较适合采用仰拍的角度。

04 启动 Discord，进入个人创建服务器页面。

05 单击聊天对话框，输入"/imagine"文生图指令，选择 Midjourney 机器人，如图 7-20 所示。

图 7-20

06 在指令框中输入英文提示词：Low angle, beautiful little girl in the garden（低角度，花园里美丽的小姑娘），效果如图 7-21 所示。

图 7-21

3. 高角度

高角度俯拍与低角度仰拍刚好相反，用得最多的就是从斜上方 45°进行俯拍，在拍摄时，高角度俯拍能够拍出更广的场景，记录地面更多的信息。

07 启动 Discord，进入个人创建服务器页面。

08 单击聊天对话框，输入"/imagine"文生图指令，选择 Midjourney 机器人，如图 7-22 所示。

图 7-22

09 在指令框中输入英文提示词：High angle photo, beautiful little girl in the garden. --v 6.0（高角度，花园里美丽的小姑娘），效果如图 7-23 所示。

图 7-23

7.4.2 面部特写

下面是一个面部特写的案例，面部特写将会放大人物的脸部细节，所以我们需要使用较真实的真人模型来生成人像。

01 启动 Stable Diffusion，在面板上方选择 Stable Diffusion 模型，单击 ▼ 按钮，在下拉列表中选择"awportrait_v12"模型，如图 7-24 所示。

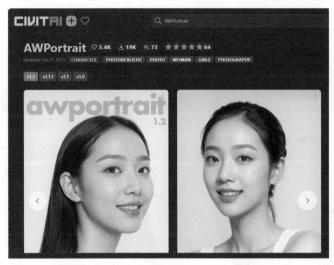

图 7-24

02 选择面板上方的"外挂 VEA 模型",单击▼按钮,在下拉列表中选择"vae-ft-mse-840000-ema-pruned. safetensors"模型。

03 进入"文生图"面板,在正向提示词文本框中输入一段提示词: masterpiece, best quality, 1girl, white background, black hair, slicked Hair, face front, smile, studio light, studio, side light, makeup portrait, pink eye shadow, face in center(杰作,最佳质量,一个女孩,白色背景,黑色头发,柔顺的头发,脸部正面,微笑,摄影棚光线,工作室,侧光,化妆肖像,粉红色的眼影,脸在中间)。

04 在下面一栏的反向提示词文本框中输入提示词: Ng_deepnegative_v1_75t,(badhandv4:1.2),(worst quality:2),(low quality:2),(normal quality:2),lowers, bad anatomy, bad hands, ((monochrome)),((grayscale)) watermark, moles, large breast, big breast, outdoor,效果如图 7-25 所示。

图 7-25

05 其他参数设置如图 7-26 所示。

06 参数设置完毕后,单击右上角的"生成"按钮,等待出图,如图 7-27 所示。

图 7-26　　　　　　　　　　　　　　　图 7-27

07 最终生成 4 张效果图，如图 7-28 所示，选择满意的图像单击下方的"保存"按钮进行下载即可。如未出现满意的效果图，可继续单击"生成"按钮出图。

图 7-28

7.4.3 艺术写真

艺术写真是一种通过摄影艺术手法，捕捉和呈现人物真实、自然形象的创作方式，旨在展现个性与情感，满足人们的审美和情感表达需求。

1. 田园浪漫

生成田园浪漫的人像艺术写真，可以将喜欢的提示师的名字添加进提示词中，再加上人物肢体动作的描述词，就可获得一张具有个人特色的写真。但是需要注意，不是所有的摄影师的风格 AI 都能识别出来。

01 启动 Discord，进入个人创建服务器页面。

02 单击聊天对话框，输入"/imagine"文生图指令，选择 Midjourney 机器人，如图 7-29 所示。

图 7-29

03 在指令框中输入英文提示词：The figure of a woman wearing a dress walking in the tall dark grass, simple clothes, light green clothes, paper flying in the sky, flowing fabrics flying, Extreme Close Up:: 3. Shooting above the chest, the realistic fantasy style of photos, Zhang Jingna's style, high angle, romantic atmosphere, rural and fresh, realistic details, grass sea, photo realism, human body photography, Fuji camera photography, portrait photography, 8K, 4K,Photography, Masterpiece, best quality, ultra-detail --ar 2:3 --q 2 --style raw（身着连衣裙的女子走在高高的深色草丛中，简单的衣服，浅绿色的衣服，漫天飞舞的纸片，飘逸的布料飞舞，极致特写，胸部以上拍摄，写实奇幻风格照片，张静娜风格，高角度，浪漫气息，田园清新，写实细节，草海，写实照片，人体摄影，富士相机摄影，人像摄影，8K，4K，摄影，大师作品，极品，超细节，图片比例为2:3；图片质量为2），效果如图 7-30 所示。

图 7-30

2. 古典怀旧

复古旗袍风格、古装风格等这些风格可以通过服饰、道具和场景的搭配，营造出一种怀旧或历史感，使照片具有独特的韵味。

04 启动 Discord，进入个人创建服务器页面。

05 单击聊天对话框，输入"/imagine"文生图指令，选择 Midjourney 机器人，如图 7-31 所示。

图 7-31

06 在指令框中输入英文提示词：Craft a vintage-inspired photo of a model dressed in retro fashion, posing in an old-fashioned setting, capturing the essence of bygone eras --ar 3:4（生成一幅复古风格的照片，模特穿着复古服饰，在旧式环境中摆姿，捕捉往昔时代的精髓），效果如图 7-32 和图 7-33 所示。

图 7-32   图 7-33

7.5
Midjourney 风光摄影

风光摄影是以展现自然风光之美为主要创作题材的原创作品，如自然景色、城市建筑摄影等，是多元摄影中的一个门类。它是广受人们喜爱的题材，能够给人带来最全面的美的享受，从发现美开始到拍摄，直到与读者见面欣赏的全过程，都会给人以感官和心灵的愉悦。本节介绍如何用 AI 生成风光摄影照片。

7.5.1　纽约街景

下面是一个街景摄影的案例，我们同样可以通过在提示词中添加角度、镜头与城市等的描述词来生成想要的街景拍摄效果图。

01 启动 Discord，进入个人创建服务器页面。

02 单击聊天对话框，输入"/imagine"文生图指令，选择 Midjourney 机器人，如图 7-34 所示。

图 7-34

03 在指令框中输入英文提示词：New York back ground, 45mm focal length, kodak 250D, mid shot（以纽约作背景，45 毫米焦距，柯达 250D，中景），效果如图 7-35 和图 7-36 所示。

图 7-35

图 7-36

7.5.2　鸟瞰梯田

下面是一个风景摄影的案例，生成的是我国非常具有特色的梯田风光。

01 启动 Discord，进入个人创建服务器页面。

02 单击聊天对话框，输入"/imagine"文生图指令，选择 Midjourney 机器人，如图 7-37 所示。

图 7-37

03 在指令框中输入英文提示词：China rice terraces are shown in aerial view, in the style of Pentax k1000, Tamron 24mm f/2.8 di ili osd m1:2, luminist landscapes, orientalist landscapes, rustic scenes, post processing（中国水稻梯田鸟瞰图，宾得 k1000，Tamron 24mm f/2.8 di ili osd m1:2，夜光风光，东方风光，乡村风光风格，后期处理），效果如图 7-38 和图 7-39 所示。

图 7-38

图 7-39

7.6
Midjourney 美食摄影

食物是我们与生俱来的需求，是所有生命体都无法回避的永恒话题，它不仅是生命的源泉，更是文化的载体、情感的纽带。无论是在繁忙的都市还是在宁静的乡村，无论是豪华的餐厅还是简单的街头小吃，食物都以其独特的方式，诉说着生活的故事，满足着人们的味蕾。

如今，随着人工智能技术的飞速发展，食物不再仅仅局限于传统的制作和呈现方式。本节我们将深入探讨如何利用 AI 技术生成美食照片，为你揭示这一新颖、有趣且富有创意的领域。

7.6.1 小龙虾

当看见喜欢的菜品图片但是不知道如何具体描述时，我们可以通过图生词来获得提示词，具体操作如下。

01 选择一张想要参考的图片，进行保存，如图 7-40 所示。

02 启动 Discord，在 Midjourney 中单击聊天框选择"/describe"命令，将素材图上传其中，如图 7-41 所示。

图 7-40

图 7-41

03 按 Enter 键确认，即可生成 4 组相应的提示词，可选择一组作为接下来的提示词。

04 同时右击上传的图片，在弹击的快捷菜单中选择"复制链接"选项，如图 7-42 所示。

图 7-42

05 接下来选择一组提示词，单击聊天对话框，输入"/imagine"文生图指令，选择 Midjourney 机器人，在指令框中输入复制的链接和英文提示词：https://s.mj.run/zDuBRjpdw7g All about Chinese seafood specials Hong Kong, in the style of made of insects, light gray and crimson, selective focus, uhd image, steve hanks, glazed earthenware, samyang af 14mm f/2.8 rf --ar 64:39 --iw 2（复制链接，中国海鲜特色，香港，昆虫式的，浅灰色和深红色，选择性对焦，高清图像，史蒂夫 - 汉克斯，釉陶，森养 AF 14mm F/2.8 RF，图像参考权重为 2），如图 7-43 所示。

图 7-43

06 最终生成效果如图 7-44 所示。

图 7-44

7.6.2　铁板鱿鱼

下面是一个铁板鱿鱼的案例，同样我们可以通过在提示词中添加食物地方特色的描述词来生成想要的菜品效果图。

01 启动 Discord，进入个人创建服务器页面。

02 单击聊天对话框，输入"/imagine"文生图指令，选择 Midjourney 机器人，如图 7-45 所示。

图 7-45

03 在指令框中输入英文提示词: A dish of Sichuan teppan squid, Sichuan Teppan squid, plain Chinese plate, tender meat, charred edges, dotted with green and sesame, served on sizzling hot plate, topped with spicy soy sauce and garlic dipping sauce, clear texture, far-sight Angle, best picture quality, real, ultra-HD 8k（一道川味铁板鱿鱼，川味铁板鱿鱼，质朴中式餐盘，肉质鲜嫩，边缘焦，点缀着绿色和芝麻，盛在滋滋的热盘上，浇上辛辣的酱油和大蒜蘸酱料，纹理清晰，远视角度最佳画质，真实，超高清 8K），效果如图 7-46 所示。

图 7-46

7.6.3 牛肉汉堡

下面是一个牛肉芝士汉堡的案例。

01 启动 Discord，进入个人创建服务器页面。

02 单击聊天对话框，输入"/imagine"文生图指令，选择 Midjourney 机器人，如图 7-47 所示。

图 7-47

03 在指令框中输入英文提示词: Gourmet beef cheeseburger, KFC style, prime time, natural light, Michelin stars, luxury restaurant, HD, charming and inviting display, close-up/macro, taken with Fuji X-T4 camera, best quality, 35mm lens, capture ingredients, stripes fine details, Ultra HD 8k --ar 64:39（美食牛肉芝士汉堡，肯德基样式，黄金时间，自然光，米其林星，豪华餐馆，HD，迷人和邀请显示，特写镜头/微距，采取与富士 X-T4 照相机，最佳质量，35 毫米透镜，夺取成分，条纹精细细节，超高清 8K，图片比例为 64:39），效果如图 7-48 所示。

图 7-48

7.6.4 拉面

下面是一个拉面的案例。

01 启动 Discord，进入个人创建服务器页面。

02 单击聊天对话框，输入"/imagine"文生图指令，选择 Midjourney 机器人，如图 7-49 所示。

图 7-49

03 在指令框中输入英文提示词：Ramen, runny egg, Michelin style, professional photography, natural light, HD, food photography, mouth-watering, close-up/macro --ar 64:39（拉面，生鸡蛋，米其林风格，专业摄影，自然光，高清，美食摄影，令人垂涎三尺，特写 / 微距，图片比例为 64:39），效果如图 7-50 所示。

图 7-50

7.7
Midjourney 水果摄影

在艺术家的世界里，水果不一定只能作为食物，也是艺术灵感创作来源，拍摄水果也是一项经典的静物拍摄项目，使用 AI 也可以将水果的特点展现得淋漓尽致。本节介绍如何用 AI 生成水果照片。

7.7.1 葡萄特写

本实战是一个生成葡萄特写的案例，使用提示词来生成想要的水果效果图。

01 启动 Discord，进入个人创建服务器页面。

02 单击聊天对话框，输入"/imagine"文生图指令，选择 Midjourney 机器人，如图 7-51 所示。

图 7-51

03 在指令框中输入英文提示词：Beautiful blue grape, wet, reflective surface, glossy, appetizing, dynamic composition and dramatic lighting, professional food photograph with high - end digital manufacturing（美丽的蓝色葡萄、湿润、反光表面、光泽、诱人食欲、动态构图和戏剧性照明，采用高端数码制造的专业食品照片），效果如图 7-52 所示。

图 7-52

7.7.2 水果落水高速摄影

高速摄影是一种使用高帧率拍摄的摄影方式，能够记录高速运动物体的瞬间动作和过程，以产生慢动作效果。常用于体育、科学实验和特效制作等领域，本实战将生成石榴溅起"水花"的瞬间，具体操作如下。

01 启动 Discord，进入个人创建服务器页面。

02 单击聊天对话框，输入"/imagine"文生图指令，选择 Midjourney 机器人，如图 7-53 所示。

图 7-53

03 在指令框中输入英文提示词：Fresh pomegranates are being dropped into the water, splash water, shot using a Leica camera, professional color grading, high-end compositing, soft shadows --s 500 --ar 9:16（新鲜石榴落入水中，水花四溅，使用徕卡相机拍摄，专业调色，高端合成，柔和的阴影，风格化为 500，图片比例为 9:16），效果如图 7-54 所示。

图 7-54

7.8
Midjourney 产品摄影

产品摄影是一种商业摄影形式，主要针对各类商品进行拍摄。这种摄影要求尽可能地展现产品的特点、质感和细节，突出其优点，引起消费者的购买欲望。

7.8.1 户外产品摄影

商品场景中，户外产品摄影是拍摄方法之一，使用 Midjourney，可以生成漂亮且逼真的户外产品摄影图片，且可以任意指定想要的户外背景。

01 启动 Discord，进入个人创建服务器页面。

02 单击聊天对话框，输入"/imagine"文生图指令，选择 Midjourney 机器人，如图 7-55 所示。

图 7-55

03 在指令框中输入英文提示词：Outdoor product shooting, water droplets splashing, panorama, creative composition, bright background, a bottle of water on the rocks by the river, charming natural light, cool colors, behind the lush green plants, realistic, realistic details, depth of field, Unreal Engine, shot by Nikon --ar 3:4（户外产品拍摄，水滴飞溅，全景，创意构图，明亮的背景，河边岩石上有一瓶水，迷人的自然光，冷色，背后郁郁葱葱的绿色植物，逼真，逼真的细节，景深，虚幻引擎，尼康拍摄，图片比例为 3:4），效果如图 7-56 和图 7-57 所示。

图 7-56

图 7-57

7.8.2 模特产品展示

在产品摄影中，有些产品在拍摄时想要更好地展示效果，就需要模特来展示，模特展示的效果比单独拍摄产品的效果要好。同时也要注意到，选择的模特要符合目标人群的特征，这样才能让受众有代入的感觉，产生购买欲望。

01 启动 Discord，进入个人创建服务器页面。

02 单击聊天对话框，输入"/imagine"文生图指令，选择 Midjourney 机器人，如图 7-58 所示。

图 7-58

03 在指令框中输入英文提示词：Product photography of a young and fashion lady holding a face cleanser in one hand in front of a white background, face shot, close-up, Korean style, minimalist, and high-quality -- ar 3:4（产品摄影图，年轻时尚的女士一只手拿着洗面奶在白色背景前，脸部拍摄，特写，韩式风格，极简主义，细腻的皮肤，摄影，真实和高品质），效果如图 7-59 和图 7-60 所示。

图 7-59

图 7-60

7.9
Midjourney动物摄影

　　动物摄影拍摄动物的瞬间和特点，强调自然状态和情感表达。展现动物的美丽和生命力，引起人们对自然的敬畏和保护意识。

7.9.1　老虎

　　本实战是一个生成老虎的案例，通过语言的描述生成想要的老虎照片。

01 启动 Discord，进入个人创建服务器页面。

02 单击聊天对话框，输入"/imagine"文生图指令，选择 Midjourney 机器人，如图 7-61 所示。

图 7-61

03 在指令框中输入英文提示词：Portrait close-up of an adult tiger, frontal view, high contrast, extremely detailed and intricate, impressive, surreal, real, Canon lens, focus, photography, high definition, National Geographic shot --ar 7:4（一只成年老虎肖像特写，正面视角，高度对比，极致细致复杂，令人印象深刻，超现实，真实，佳能镜头，聚焦，摄影，高度清晰，国家地理拍摄，图片比例为 7:4），效果如图 7-62 所示。

图 7-62

7.9.2 斑马

本实战是一个生成草原上的斑马的案例，通过添加场景的描述、光线、摄影角度等关键词生成一张满意的图片。

01 启动 Discord，进入个人创建服务器页面。

02 单击聊天对话框，输入"/imagine"文生图指令，选择 Midjourney 机器人，如图 7-63 所示。

图 7-63

03 在指令框中输入英文提示词：African savannah, a group of zebras on the grassland, with mountains and clouds in the distance, morning, wide-angle lens, shot by National Geographic --ar 3:4（非洲大草原，一群斑马在草地上，远处有山脉，云雾，早晨，广角镜头，国家地理拍摄），效果如图 7-64 所示。

图 7-64

7.10
Stable Diffusion 照片更换背景

以图 7-65 所示为例为人像自拍更换背景，在 Stable Diffusion 中，我们同样可以通过模型和提示词更换自己想要的背景，在不改变人物状态下能够非常自然，毫无违和感，同时人物与背景的过渡也非常自然。

01 需要准备一张需要更换背景的照片素材，如图 7-65 所示。

02 将素材图片导入到 Photoshop 中，制作出一张黑白蒙版图并保存，如图 7-66 所示。

图 7-65

图 7-66

03 启动 Stable Diffusion，进入"图生图"面板，在面板上方选择 Stable Diffusion 模型，单击▼按钮，在下拉列表中选择"majicmixRealistic_v6"模型，如图 7-67 所示。

04 选择面板上方的"外挂 VEA 模型"，单击▼按钮，在下拉列表中选择"vae-ft-mse-840000-ema-pruned.

Safetensors"模型，如图 7-68 所示。

图 7-67

图 7-68

05 单击"上传重绘蒙版"按钮，将照片与蒙版图片上传其中，如图 7-69 所示。

图 7-69

06 在正向提示词文本框中输入一段提示词：Best quality, ultra high, no humans, street, building, night（最好的质量，超高清，没有人，街道，建筑，夜晚）。

07 在下面一栏的反向提示词文本框中输入提示词：Paintings, sketches, (worst quality:2), (low quality:2), (normal quality:2), lowers, normal quality, ((monochrome), ((grayscale)), skin spots, acnes, skin blemishes, age spot, glans, bikini, medium breast, Nevus, skin spots, nsfw，如图 7-70 所示。

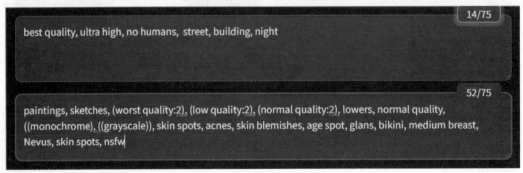

图 7-70

08 其他参数设置如图 7-71 所示。

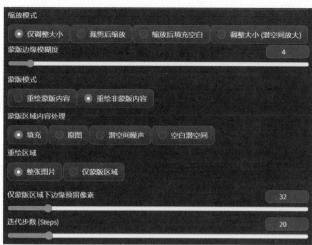

图 7-71

09 参数设置完毕后，单击右上角的"生成"按钮，等待出图，如图 7-72 所示。

10 最终生成 6 张效果图，如图 7-73 所示，选择满意的图像，单击下方的"保存"按钮进行下载即可。

图 7-72

图 7-73

11 效果如图 7-74 所示。

图 7-74

第8章————
AI 建筑设计

8.1
关于 AI 建筑设计

AI 绘画也可以用于建筑设计，无论是一些包含建筑的照片，还是寻找建筑设计方案的灵感，AI 都可以提供相应的帮助，同时还能帮助用户完成一些建筑想象，例如可以帮助未完成的线稿进行上色或者渲染，或者生成相似的建筑，从而得到一些新的灵感。

AI 辅助完成的建筑效果图如图 8-1 所示。

图 8-1

8.2
Midjourney 生成手绘稿

使用 Midjourney 生成手绘图稿，可以将自己的设计想法表述成文字，让 AI 帮助你快速实现，并且还能从中获得一些灵感。

8.2.1 素描手绘稿

建筑手绘稿是以非常快速、概括的方式提炼出场景中我们所要记录的建筑部分。

01 启动 Discord，进入个人创建服务器页面。

02 单击聊天对话框，输入"/imagine"文生图指令，选择 Midjourney 机器人，如图 8-2 所示。

图 8-2

03 在指令框中输入英文提示词: A sketch of a building in black and white, in the style of contemporary constructivism, renaissance perspective and anatomy, pool core, expansive spaces, tondo, Hand Sketch（黑白建

筑素描，采用当代建构主义、文艺复兴透视和解剖学、池核、广阔空间、通多风格，手绘素描），效果如图 8-3 和图 8-4 所示。

图 8-3

图 8-4

8.2.2　马克笔手绘稿

建筑马克笔手绘稿，通过 AI 生成，可以得到不同色彩形式的建筑，能够快速获得设计灵感。

01 启动 Discord，进入个人创建服务器页面。

02 单击聊天对话框，输入"/imagine"文生图指令，选择 Midjourney 机器人，如图 8-5 所示。

图 8-5

03 在指令框中输入英文提示词：Hand - drawn architectural design drawing, three - dimensional view of the building and landscape, modernism architecture design, deconstruction Style, By the sea, on the sand, a white luxury hotel, The facade has many wooden sunshade louvers, Japanese garden, extreme details, colorful（手绘建筑设计图，建筑和景观的三维视图，现代主义建筑设计，解构风格，海边，沙滩上，一家白色豪华酒店，外墙有许多木制遮阳百叶，日式花园，极致细节，色彩斑斓），效果如图 8-6 和图 8-7 所示。

图 8-6

图 8-7

8.3
Midjourney 生成相似建筑

在生活中或者网上看见喜欢的建筑但是不知道应该如何描述时，可以通过图生词来获得关键词，具体案例如下。

01 选择一张想要参考的图片，进行保存，如图 8-8 所示。

02 启动 Discord，在 Midjourney 中单击对话框中选择"/describe"命令，将素材图上传其中，如图 8-9 所示。

图 8-8

图 8-9

03 按 Enter 键确认，即可生成 4 组相应的提示词，选择一组满意的作为接下来的提示词。

04 右击上传的图片，并在弹出的快捷菜单中选择"复制链接"选项，如图 8-10 所示。

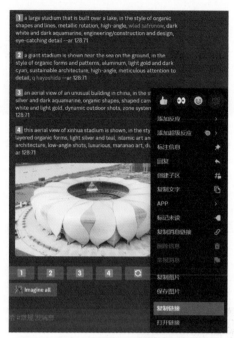

图 8-10

05 输入"/imagine"指令，选择 Midjourney 机器人，在指令框中输入复制的链接和英文提示词：https://s.mj.run/cutc3YvPJTY This aerial view of Xinhua stadium is shown, in the style of layered organic forms, light silver and teal, islamic art and architecture, low-angle shots, luxurious, maranao art, duckcore --ar 128:71 --iw 2（复制链接，这是新华体育场的鸟瞰图，采用分层有机形式的风格，浅银色和茶色，伊斯兰艺术和建筑，低角度拍摄，豪华，马拉瑙艺术，鸭核，图片比例为 128:71，图片参考权重为 2），如图 8-11 所示。

图 8-11

06 最终生成效果如图 8-12 所示。

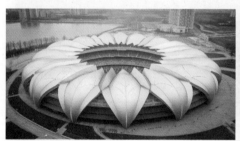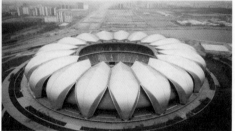

图 8-12

8.4
Stable Diffusion 草图上色

以图 8-13 所示为例为建筑图的线稿上色，在 Stable Diffusion 中，我们可以通过模型和 ControlNet 插件的控制对线稿进行上色。

图 8-13

01 启动 Stable Diffusion，在面板上方选择 Stable Diffusion 模型，单击▼按钮，在下拉列表中选择"MIX-Pro-V4"模型，如图 8-14 所示。

02 选择面板上方的"外挂 VEA 模型"，单击▼按钮，在下拉列表中选择"vae-ft-mse-840000-ema-pruned"模型，如图 8-15 所示。

图 8-14

图 8-15

03 进入"文生图"面板，在正向提示词文本框中输入一段提示词: Villa, sketch, modernism, architectural paintings, swimming pool, high quality, detail（别墅，素描，现代主义，简约，建筑绘画，游泳池，高品质，细节）。

04 在下面一栏的反向提示词文本框中输入提示词: Text, low quality, low image quality, logos, numbers, watermarks，如图 8-16 所示。

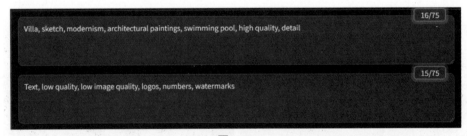

图 8-16

05 在输入的正向提示词后面添加 Lora 模型，单击"显示 / 隐藏扩展模型"按钮▓，如图 8-17 所示。

06 选择 LoRA 面板，找到下载好的 Lora 模型，单击模型即可进行使用，如图 8-18 所示。

图 8-17

图 8-18

提示：Lora 模型如图 8-19 所示。

图 8-19

07 添加 Lora 模型的提示词如图 8-20 所示。

图 8-20

08 其他参数设置如图 8-21 所示。

图 8-21

09 打开 ControlNet 插件，单击"ControlNet Unit0"按钮上传线稿图片，设置"预处理器"为 Canny、"模型"为"control_v11p_sd15_canny [d14c016b]"，调整其他参数后，单击"爆炸"按钮▮，如图 8-22 所示。

图 8-22

10 参数设置完毕后，单击右上角的"生成"按钮，等待出图。

11 选择满意的图像，单击下方的"保存"按钮进行下载即可，生成效果如图 8-23 所示。

图 8-23

8.5
Stable Diffusion 草图渲染

目前，我们使用 Stable Diffusion 可以对绘制的草图进行渲染，能够让设计师快速查看效果，同时出图风格可以使用不同的模型进行效果控制，虽然生成的图片都不是固定的，但是可以尝试不同的风格渲染，能为用户的设计之路做一个参考辅助，也能获得更多的灵感。

8.5.1　别墅

本实战继续以图 8-24 所示为例，为建筑线稿图进行渲染，具体操作如下。

图 8-24

01 启动 Stable Diffusion，在面板上方选择 Stable Diffusion 模型，单击 ▾ 按钮，在下拉列表中选择"Architecutral_MIX V0.3_V0.3"模型，如图 8-25 所示。

02 选择面板上的"外挂 VEA 模型"，单击 ▾ 按钮，在下拉列表中选择"vae-ft-mse-840000-ema-pruned"模型，如图 8-26 所示。

图 8-25

图 8-26

03 进入"文生图"面板,在正向提示词文本框中输入一段提示词:Highest quality, ultra-high definition, masterpiece, 8k quality, (extremely detailed CG unity 8k wallpaper), Modernist architecture, swimming pool, white facades, high quality, detail, richness <lora:public build-V5.0:1> <lora:XSArchi_106Stonebuilding 石材建筑 V1:0.8>(最高品质,超高清晰度,杰作,8K 质量,(超级详细的 CG 统一 8K 壁纸),现代主义建筑,泳池,高品质,细节,丰富)。

04 在下面一栏的反向提示词文本框中输入提示词:(worst quality:2), (low quality:2), (normal quality:2), lowers, ((monochrome)), ((grayscale)), bad anatomy, DeepNegative, skin spots, acnes, skin blemishes,(fat:1.2),facing away, looking away, tilted head, lowers, bad anatomy, bad hands, missing fingers, extra digit, fewer digits, bad feet, poorly drawn hands, poorly drawn face, mutation, deformed, extra fingers, extra limbs, extra arms, extra legs, malformed limbs, fused fingers, too many fingers, long neck, cross-eyed, mutated hands, polar lowers, bad body, bad proportions, gross proportions, missing arms, missing legs, extra digit, extra arms, extra leg, extra foot, teethcroppe, signature, watermark, username, blurry, cropped, jpeg artifacts, text, error,如图 8-27 所示。

> ```
> 39/75
> Highest quality,ultra-high definition,masterpiece, 8k quality, (extremely detailed CG unity 8k wallpaper), LAOWANG, Modernist architecture,
> swimming pool, high quality, detail, richness <lora:public build-V5.0:0.1> <lora:XSArchi_106Stonebuilding石材建筑V1:0.8>
>
> 169/225
> (worst quality:2), (low quality:2), (normal quality:2), lowres, ((monochrome)), ((grayscale)), bad anatomy, DeepNegative, skin spots, acnes, skin
> blemishes,(fat:1.2),facing away, looking away, tilted head, lowres, bad anatomy, bad hands, missing fingers, extra digit, fewer digits, bad feet,
> poorly drawn hands, poorly drawn face, mutation, deformed, extra fingers, extra limbs, extra arms, extra legs, malformed limbs, fused fingers,
> too many fingers, long neck, cross-eyed, mutated hands, polar lowres, bad body, bad proportions, gross proportions, missing arms, missing
> legs, extra digit, extra arms, extra leg, extra foot, teethcroppe, signature, watermark, username, blurry, cropped, jpeg artifacts, text, error,
> ```

图 8-27

提示:在正向提示词中需要添加触发词:LAOWANG,如图 8-28 所示。

Details		
Type	CHECKPOINT MERGE	①
Downloads	1,168	
Uploaded	Jul 19, 2023	
Base Model	SD 1.5	
Trigger Words	LAOWANG ⓒ	
Hash	SHA256 FCE1C62E19FFD... >	

图 8-28

05 在输入的正向提示词后面添加 Lora 模型,单击"显示/隐藏扩展模型"按钮,如图 8-29 所示。

06 选择 Lora 面板,找到下载好的 Lora 模型,单击模型即可进行使用,并调整模型的控制权重参数分别为 0.1 和 0.8,如图 8-30 所示。

图 8-29　　　　　　　　图 8-30

提示:Lora 模型如图 8-31 所示。

图 8-31

07 其他参数设置如图 8-32 所示。

图 8-32

08 打开 ControlNet 插件，单击 "ControlNet Unit0" 按钮上传线稿图片，设置 "预处理器" 为 Canny、"模型" 为 "control_v11p_sd15_canny [d14c016b]"，调整其他参数后，单击 "爆炸" 按钮，如图 8-33 所示。

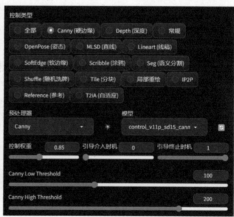

图 8-33

09 参数设置完毕后，单击右上角的 "生成" 按钮，等待出图。

10 选择满意的图像，单击下方的 "保存" 按钮进行下载即可，生成效果如图 8-34 所示。

图 8-34

8.5.2　卧室

本实战以图 8-35 所示为例，为卧室线稿图进行渲染，具体操作如下。

图 8-35

01 启动 Stable Diffusion，在面板上方选择 Stable Diffusion 模型，单击 ▼ 按钮，在下拉列表中选择"Architecutral_MIX V0.3_V0.3"模型，如图 8-36 所示。

02 选择面板上方的"外挂 VEA 模型"，单击 ▼ 按钮，在下拉列表中选择"vae-ft-mse-840000-ema-pruned"模型，如图 8-37 所示。

图 8-36

图 8-37

03 进入"文生图"面板，在正向提示词文本框中输入一段提示词：Highest quality, ultra-high definition, master piece, 8k quality，(extremely detailed CG unity 8k wallpaper), Bedroom, warm colors, with desk lamp chair, greenery, picture frames, carpet, sunlight, bright（最高品质，超高清晰度，杰作，8K 质量，（超级详细的 CG 统一 8K 壁纸），卧室，暖色调，有台灯椅子，绿植，相框，地毯，阳光，明亮）。

04 在下面一栏的反向提示词文本框中输入提示词：(worst quality:2), (low quality:2), (normal quality:2), lowers, ((monochrome)), ((grayscale)), bad anatomy, DeepNegative, skin spots, acnes, skin blemishes,(fat:1.2),facing away, looking away, tilted head, lowers, bad anatomy, bad hands, missing fingers, extra digit, fewer digits, bad feet, poorly drawn hands, poorly drawn face, mutation, deformed, extra fingers, extra limbs, extra arms, extra legs, malformed limbs, fused fingers, too many fingers, long neck, cross-eyed, mutated hands, polar lowers, bad body, bad proportions, gross proportions, missing arms, missing legs, extra digit, extra arms, extra leg, extra foot, teethcroppe, signature, watermark, username, blurry, cropped, jpeg artifacts, text, error，如图 8-38 所示。

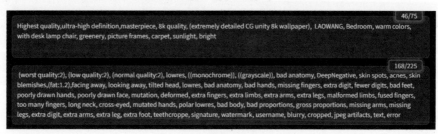

图 8-38

05 其他参数设置如图 8-39 所示。

图 8-39

06 打开 ControlNet 插件，单击"ControlNet Unit0"按钮上传线稿图片，设置"预处理器为"Canny、"模型"为"control_v11p_sd15_canny [d14c016b]"，调整其他参数后，单击"爆炸"按钮，如图 8-40 所示。

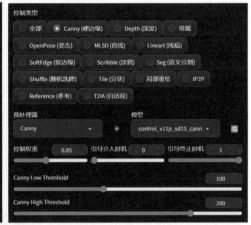

图 8-40

07 参数设置完毕后，单击右上角的"生成"按钮，等待出图。

08 选择满意的图像，单击下方的"保存"按钮进行下载即可，生成效果如图 8-41 所示。

图 8-41

8.5.3 景观

本实战以图 8-42 所示为例，为园林线稿图进行渲染，具体操作如下。

01 启动 Stable Diffusion，在面板上方选择 Stable Diffusion 模型，单击 按钮，在下拉列表中选择"Architecutral_MIX V0.3_V0.3"模型，如图 8-43 所示。

02 选择面板上方的"外挂 VEA 模型"，单击 按钮，在下拉列表中选择"vae-ft-mse-840000-ema-pruned"模型，如图 8-44 所示。

图 8-42

图 8-43

图 8-44

03 进入"文生图"面板，在正向提示词文本框中输入一段提示词：Highest quality, ultra-high definition, master piece, 8k quality，(extremely detailed CG unity 8k wallpaper), suzhouyuanlin, Chinese architecture, pavilions, towers, lakes, mountains, stupa, koi carp <lora:suzhouyuanlinV1:0.5>（最高品质，超高清晰度，杰作，8K 质量，（超级详细的 CG 统一 8K 壁纸），苏州园林，中国建筑、亭子、塔、湖、山、塔、锦鲤）。

04 在下面一栏的"反向提示词"文本框中输入提示词：(worst quality:2), (low quality:2), (normal quality:2), lowers, ((monochrome)), ((grayscale)), bad anatomy, DeepNegative, skin spots, acnes, skin blemishes,(fat:1.2),facing away, looking away, tilted head, lowers, bad anatomy, bad hands, missing fingers, extra digit, fewer digits, bad feet, poorly drawn hands, poorly drawn face, mutation, deformed, extra fingers, extra limbs, extra arms, extra legs, malformed limbs, fused fingers, too many fingers, long neck, cross-eyed, mutated hands, polar lowers, bad body, bad proportions, gross proportions, missing arms, missing legs, extra digit, extra arms, extra leg, extra foot, teethcroppe, signature, watermark, username, blurry, cropped, jpeg artifacts, text, error，如图 8-45 所示。

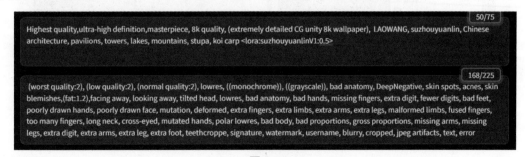

图 8-45

05 在输入的正向提示词后面添加 Lora 模型，单击"显示 / 隐藏扩展模型"按钮▦，如图 8-46 所示。

06 选择 LoRA 面板，找到下载好的 Lora 模型，单击模型即可进行使用，如图 8-47 所示。

图 8-46   图 8-47

提示：Lora 模型如图 8-48 所示。

图 8-48

07 其他参数设置如图 8-49 所示。

图 8-49

08 打开 ControlNet 插件，单击"ControlNet Unit0"按钮上传线稿图片，设置"预处理器"为 Canny、"模型"为"control_v11p_sd15_canny [d14c016b]"，并调整参数后单击"爆炸"按钮，如图 8-50 所示。

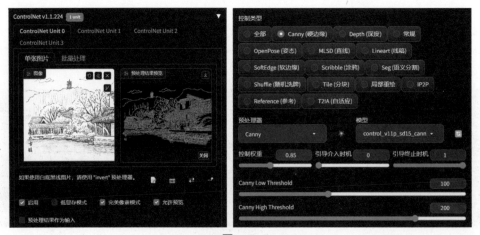

图 8-50

09 参数设置完毕后，单击右上角的"生成"按钮，等待出图。

⑩ 选择满意的图像，单击下方的"保存"按钮进行下载即可，生成效果如图 8-51 所示。

图 8-51

8.6
Midjourney 建筑设计

除了效果渲染之外，AI 还可以根据输入的提示词生成各种建筑风格、让 AI 提供个性化的设计建议等。

8.6.1　公寓大楼

本实战将生成具有澳洲特色的公寓楼，具体操作如下。

① 启动 Discord，进入个人创建服务器页面。

② 单击聊天对话框，输入"/imagine"文生图指令，选择 Midjourney 机器人，如图 8-52 所示。

图 8-52

③ 在指令框中输入英文提示词：Photorealistic 8k UHD rendering image of a high end luxury award winning modern contemporary slender apartment building in Australia angle wide shot --ar 3:4（澳大利亚高端豪华获奖现代修长公寓楼，逼真，8K UHD，渲染图像，广角镜头，图片比例为 3:4）；效果如图 8-53 和图 8-54 所示。

图 8-53

图 8-54

8.6.2 森林民宿酒店

本实战将科技智能与民宿进行融合设计，看看 AI 能够给出什么样的设计方案。

01 启动 Discord，进入个人创建服务器页面。

02 单击聊天对话框，输入"/imagine"文生图指令，选择 Midjourney 机器人，如图 8-55 所示。

图 8-55

03 在指令框中输入英文提示词：A smart Architecture hidden in a lush forest, with walls made of transparent smart glass, blending the structure into its surroundings. A high-tech hovercraft sits parked outside, contrasting the natural environment with a touch of futuristic technology. Photographed by Annie Leibovitz, using a Phase One XF IQ4 with a wide-angle lens, the lighting is a mix of natural light and soft, diffused lighting, Volumetric light, creating a dreamy and surreal effect –ar 3:2 --s 750（一座隐藏在茂密森林中的智能建筑，其墙壁由透明的智能玻璃制成，与周围环境融为一体。一艘高科技气垫船停在外面，与自然环境形成鲜明对比。由 Annie Leibovitz 拍摄，使用 Phase One XF IQ4 和广角镜头，光线由自然光和柔和的漫射光、体积光混合而成，营造出梦幻般的超现实效果，图片比例为 3:2，风格化为 750），效果如图 8-56 和图 8-57 所示。

图 8-56

图 8-57

8.7
Midjourney 室内设计

除了建筑整体和外观设计，AI 同样适用于生成室内设计效果图。通过输入提示词，AI 能快速生成展示室内布局、风格的图片，从而激发设计灵感。

在提示词中，我们也可以使用（空间描述）+（设计风格）+（色彩光线）+（细节补充）的搭配方式进行描述。

8.7.1　客厅

本实战将以禅宗极简主义风格为主，生成出具有中式韵味的客厅，具体操作如下。

01 启动 Discord，进入个人创建服务器页面。

02 单击聊天对话框，输入"/imagine"文生图指令，选择 Midjourney 机器人，如图 8-58 所示。

图 8-58

03 在指令框中输入英文提示词：A luxurious penthouse living room with walls of wood, in the style of zen minimalism, monochromatic color with soft daylight, combining natural and man-made elements, spacious and comfortable, showcasing the overall spatia layout, photorealistic --ar 16:9（木制墙面的豪华公寓客厅，禅宗极简主义风格，单色配以柔和的日光，自然与人造元素相结合，宽敞舒适，展现整体空间布局，真实，图片比例为16:9），效果如图 8-59 和图 8-60 所示。

图 8-59

图 8-60

8.7.2 卧室

本实战将以法式风格为主，生成出浪漫的卧室，具体操作如下。

01 启动 Discord，进入个人创建服务器页面。

02 单击聊天对话框，输入"/imagine"文生图指令，选择 Midjourney 机器人，如图 8-61 所示。

图 8-61

03 在指令框中输入英文提示词：French romantic style bedroom, natural, gorgeous, elegant, color tone to partial pink white, brown-based, soft light, there are soft carpet, marble, spacious and comfortable, showcasing the overall spatia layout, photorealistic --ar 16:9（法式浪漫风格的卧室，自然、华丽、优雅，色调以偏粉的白色、棕色为主，柔和的光线，有柔软的地毯，大理石，宽敞舒适，展现整体空间布局，真实），效果如图 8-62 和图 8-63 所示。

图 8-62

图 8-63